工业与信息化领域急需紧缺人才培养工程
——SY 建筑信息模型(BIM)人才培养项目专用教材

BIM 项目管理

工业与信息化领域急需紧缺人才培养工程
SY建筑信息模型(BIM)人才培养项目办　组织编写

刘占省　孟凡贵　主编

机械工业出版社

本书共分为 9 章，第 1 和第 2 章主要对项目管理基础知识、BIM 基本概念和 BIM 在项目管理中的应用等内容做了简单介绍；第 3 和第 4 章在前两章的基础上介绍了 BIM 的项目管理如何实施规划和落实；第 5 章到第 8 章分别介绍了业主方、设计方、施工方和运维方如何将 BIM 运用到项目管理中；第 9 章介绍了基于 BIM 技术的项目管理信息平台及其包含的基本内容。

本书适合土木工程及相关专业师生、参加 BIM 工程师、BIM 项目管理师和 BIM 高级工程师学习的考生使用，也可供从事 BIM 工作的技术人员参考。

图书在版编目（CIP）数据

BIM 项目管理／刘占省，孟凡贵主编 . —北京：机械工业出版社，2018. 12
（2024. 7 重印）

工业与信息化领域急需紧缺人才培养工程. SY 建筑信息模型（BIM）人才培养项目专用教材

ISBN 978-7-111-61632-0

Ⅰ.①B…　Ⅱ.①刘…　②孟…　Ⅲ.①建筑设计-计算机辅助设计-应用软件-教材　Ⅳ.①TU201. 4

中国版本图书馆 CIP 数据核字（2018）第 282474 号

机械工业出版社（北京市百万庄大街 22 号　邮政编码 100037）
策划编辑：汤　攀　责任编辑：汤　攀　张大勇
责任校对：刘时光　责任印制：常天培
北京机工印刷厂有限公司印刷
2024 年 7 月第 1 版第 4 次印刷
184mm×260mm·15. 25 印张·368 千字
标准书号：ISBN 978-7-111-61632-0
定价：45. 00 元

编审人员名单

主　　编　刘占省（北京工业大学）
　　　　　孟凡贵（天津大学）

副 主 编　陈会品（中铁建工集团有限公司）
　　　　　陈钦东（广东华隧建设集团股份有限公司）
　　　　　刁志刚（广东华隧建设集团股份有限公司）

主　　审　尤　完（北京建筑大学）

编写人员　巴盼峰（天津城建大学）
　　　　　赵雪锋　王宇波　孙佳佳（北京工业大学）
　　　　　何少春（北京建工路桥集团有限公司）
　　　　　杜　影（中建一局五公司）
　　　　　王　琦（中交协＜北京＞交通科学研究院）
　　　　　兰梦茹（北京筑盈科技有限公司）
　　　　　郭　伟（中铁建设集团有限公司）
　　　　　马东全　董　皓　李　昊（天津广昊工程技术有限公司）
　　　　　王泽强（北京市建筑工程研究院有限责任公司）
　　　　　张治国（北京立群建筑科学研究院）
　　　　　张　禹（北京金风科创风电设备有限公司）
　　　　　曹少卫（中铁建工集团有限公司）
　　　　　徐　焌　何昌升　何　松（安徽建筑大学城市建设学院）
　　　　　张　宇（河南省建筑科学研究院有限公司）
　　　　　谷保辉（悉地＜苏州＞勘察设计顾问有限公司）
　　　　　孙晓慧　耿鼎杰　蔡兴旺　郑攀登　王创业　王新成
　　　　　杜　奕　陈　维　陈　伟　王梦彪　胡嘉旭　龚保永
　　　　　王圆圆　卢　兴　陈国鑫　张　伟　王　芳　潘广森
　　　　　（优路教育 BIM 项目教研小组）

▶▶▶▶▶ 前言

PREFACE

  建筑信息模型（Building Information Modelling，BIM）作为一种能够通过创建并利用数字化模型实现对建设工程项目进行设计、建造及运营管理的现代信息技术，以其集成化、智能化、数字化以及模型信息关联性等特点，为参与建设工程项目的各方创建了一个便于交流的信息平台。近年来，BIM 技术在国内建筑业的实际应用日益广泛，并为研究和探索新的建设工程项目协同管理模式和相关制度与机制提供了有效的现代信息技术支持。

  住房和城乡建设部于 2015 年 6 月 16 日发布了《关于印发推进建筑信息模型应用指导意见的通知》（建质函〔2015〕159 号），要求到 2020 年末，建筑行业甲级勘察、设计单位以及特级、一级房屋建筑工程施工企业应掌握并实现 BIM 与企业管理系统和其他信息技术的一体化集成应用；到 2020 年末，以下新立项项目勘察设计、施工、运营维护中，集成应用 BIM 的项目比率达到 90%；以国有资金投资为主的大中型建筑；申报绿色建筑的公共建筑和绿色生态示范小区。各地市也出台了相关推动和规范 BIM 技术应用的文件。

  本书共分为 9 章，第 1、2 章主要对项目管理基础知识、BIM 基本概念和 BIM 在项目管理中的应用等内容做了简单介绍；第 3、4 章在前两章的基础上介绍了 BIM 的项目管理如何实施规划和落实；第 5 章到第 8 章分别介绍了业主方、设计方、施工方和运维方如何将 BIM 运用到项目管理中；第 9 章介绍了基于 BIM 技术的项目管理信息平台及其包含的基本内容。

  本书在编写的过程中参考了大量专业文献，汲取了行业专家的经验，参考和借鉴了有关专业书籍和论文的内容，以及相关论坛网友的 BIM 应用心得体会和资料。在此，向相关作者表示衷心的感谢！

  由于本书编者水平有限、时间紧张，书中不妥之处在所难免，恳请广大读者批评指正。

  本书提供课件及相关文件下载，请关注微信公众号"机械工业出版社建筑分社"（CMPJZ18），回复"BIM18"获得下载地址；或电话咨询（010-88379250）。

编　者

2018 年 6 月

目录

CONTENTS

第1章 项目管理及BIM技术应用概述

导读： 本章主要介绍了项目管理及 BIM 技术应用等基础知识、BIM 在项目全生命周期的应用以及各阶段的应用点。首先阐述了项目管理的定义，介绍了 BIM 技术的应用价值，以及 BIM 技术给业主、设计单位、施工单位、运维单位、软件商及 BIM 平台等项目各参与方带来的应用价值。其次讲述了项目全生命周期的相关基础知识，包括概念、常用术语以及全生命周期一体化的管理模式，同时也介绍了基于 BIM 项目的精细化管理需求及解决方案，从而得出 BIM 在项目管理中应用的必然性。

1.1　项目管理

项目管理通常可以定义为：以项目为管理对象，在既定的约束条件下，为最优地实现项目目标，根据项目的内在规律，对项目寿命周期全过程进行有效计划、组织、指挥、控制和协调的系统管理活动。

在实际应用中，项目管理是从项目的开始到项目的完成，通过项目策划（PP）和项目控制（PC），以达到项目的费用目标（投资目标、成本目标）、质量目标和进度目标，全阶段管理的表达如图 1-1 所示。即：

$$PM = PP + PC$$

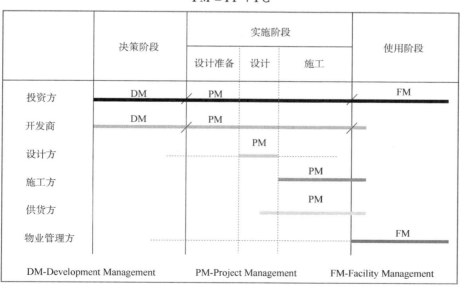

图 1-1　工程项目全阶段的管理

通过项目管理可以实现工程建设增值，能够确保工程建设安全，提高工程质量，有利于投资控制和进度控制。也可实现工程使用（运行）增值，即确保工程使用安全，有利于环保和节能，满足最终用户的使用功能，降低工程运营成本，便于工程维护。

1.2　施工项目管理

施工阶段的项目管理，是以施工项目经理为核心的项目经理部，对施工项目全过程进行的管理，如图 1-2 所示。内容包括：负责整个工程的施工安全、施工总进度控制、施工质量控制和施工成本控制等。施工方项目管理的核心任务是项目的目标控制。

图 1-2　施工项目管理内容

施工项目控制的行为主体是施工单位；施工项目的控制目标有进度目标、质量目标、成本目标和安全目标等。通过项目策划和项目控制，以使进度、质量和成本的控制目标得以实现。

1.3　项目管理存在的不足

1.3.1　我国项目管理的不足

1）我国设计方和供货方的项目管理还相当弱。

2）工程项目管理只局限于施工领域。

3）监理项目管理服务的发展相当缓慢。

4）与国际水平相当的工程项目管理咨询公司还很少。

5）我国项目管理还停留在较粗放的水平，动态控制原理和项目管理信息系统（PMIS）还没有广泛应用在工程实践中。

1.3.2　传统的项目管理模式缺点

1）业主方在建设工程不同的阶段可自行或委托进行项目前期的开发管理、项目管理和设施管理，但是缺少必要的相互沟通。

2）我国设计方和供货方的项目管理还相当弱，工程项目管理只局限于施工领域。

3）监理项目管理服务的发展相当缓慢，监理工程师对项目的工期不易控制、管理和协调工作较复杂、对工程总投资不易控制、容易互相推诿责任。

4）我国项目管理还停留在较粗放的水平，与国际水平相当的工程项目管理咨询公司还很少。

5）前期的开发管理、项目管理和设施管理的分离造成的弊病，如仅从各自的工作目标出发，而忽视了项目全寿命周期的整体利益。

6）由多个不同的组织实施，会影响相互间的信息交流，也就影响项目全寿命周期的信息管理等。

7）2D CAD 设计图形象性差，2D 图样不方便各专业之间的协调沟通，传统方法不利于规范化和精细化管理。

8）造价分析数据细度不够，功能弱，企业级管理能力不强，精细化成本管理需要细化到不同时间、构件、工序等，难以实现过程管理。

9）施工人员专业技能不足、材料的使用不规范、不按设计或规范进行施工、不能准确预知完工后的质量效果、各个专业工种相互影响。

10）施工方过分追求效益，质量管理方法很难充分发挥其作用。

11）对环境因素的估计不足，重检查，轻积累。

因此我国的项目管理需要信息化技术弥补现有项目管理的不足，而 BIM 技术正符合目前的应用潮流。集成化管理如图 1-3 所示。

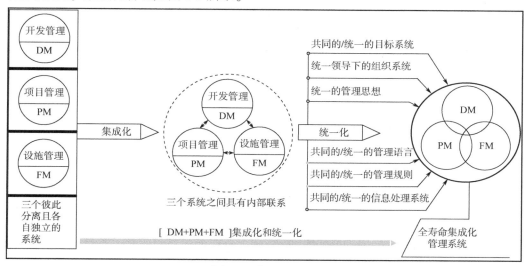

图 1-3　集成化管理

1.4　基于 BIM 的项目管理

全国建筑业信息化发展规划纲要指出，要促进建筑业软件产业化，提升企业管理水平和核心竞争能力；"十二五"规划中提出"全面提高行业信息化水平，重点推进建筑企业管理与核心业务信息化建设和专项信息技术的应用"。《2016—2020 年建筑业信息化发展纲要》指出，"十三五"期间：全面提高建筑业信息化水平，着力增强 BIM、大数据、智能化、移动通信、云计算、物联网等信息技术集成应用能力，建筑业数字化、网络化、智能化取得突破性进展；初步建成一体化行业监管和服务平台，数据资源利用水平和信息服务能力明显提升；形成一批具有较强信息技术创新能力和信息化达到国际先进水平的建筑企业及具有关键自主知识产权的建筑信息技术企业。可见 BIM 技术与项目管理的结合不仅符合政策的导向，也是发展的必然趋势。

整体上讲，BIM 技术在结合项目管理后，可应用在建设工程项目的全寿命周期中，其数据库是动态变化的，能提供一个项目参与各方协同工作的平台。实现理想的建设工程信息积累，需要从建设工程项目的组织、管理的方法和手段等多个方面进行系统的变革，从根本上消除信息的流失和信息交流的障碍。理想的建设工程信息积累变化如图 1-4 所示。

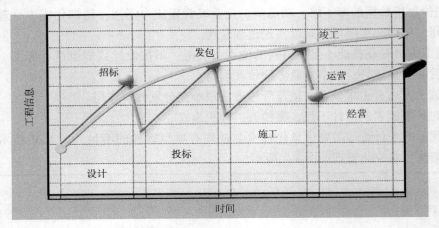

图 1-4　理想的建设工程信息积累变化示意图

1.5　BIM 在项目管理中的模式

传统的项目管理模式即"设计—招标投标—建造"模式，将设计、施工分别委托不同单位承担。设计基本完成后通过招标选择承包商，业主和承包商签订工程施工合同和设备供应合同，由承包商与分包商和供应商单独订立分包及材料的供应合同并组织实施。业主单位一般指派业主代表负责有关的项目管理工作。施工阶段的质量控制和安全控制等工作一般授权监理工程师进行。

引入 BIM 技术后，将会革新传统的项目管理模式。因为 BIM 中含有大量的工程相关的信息，可为工程提供数据后台的巨大支撑，可以使业主、设计院、顾问公司、施工总承包、专业分包、材料供应商等众多单位在同一个平台上实现数据共享，使沟通更为便捷、协作更为紧密、管理更为有效。能够让设计方提前介入方案规划和选型，让施工方提前介入设计分析，BIM 引入后的工作模式如图 1-5 所示。

1.6　基于 BIM 的项目管理优势

基于 BIM 的管理模式是创建信息、管理信息、共享信息的数字化方式，其具有很多的优势，具体如下：

1）基于 BIM 的项目管理，工程基础数据如量、价等，数据准确、数据透明、数据共享，能完全实现短周期、全过程对资金风险以及盈利目标的控制。

2）基于 BIM 技术，可对投标书、进度审核预算书、结算书进行统一管理，并形成数据对比。

3）可以提供施工合同、支付凭证、施工变更等工程附件管理，并为成本测算、招标投标、签证管理、支付等全过程造价进行管理。

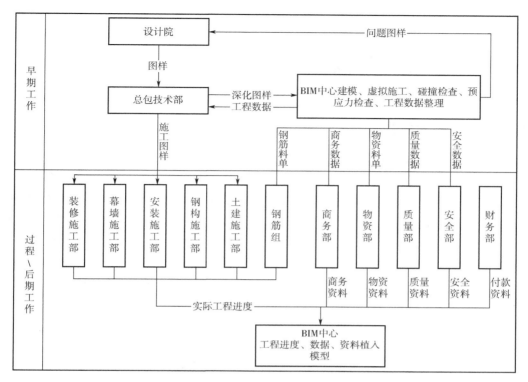

图 1-5　BIM 在项目管理中的工作模式

4）BIM 数据模型保证了各项目的数据动态调整，可以方便统计，追溯各个项目的现金流和资金状况。

5）根据各项目的形象进度进行筛选汇总，可为领导层更充分地调配资源、进行决策创造条件。

6）基于 BIM 的 4D 虚拟建造技术能提前发现在施工阶段可能出现的问题，并逐一修改，提前制订应对措施。

7）使进度计划和施工方案最优，在短时间内说明问题并提出相应的方案，再用来指导实际的项目施工。

8）BIM 技术的引入可以充分发掘传统技术的潜在能量，使其更充分、更有效地为工程项目质量管理工作服务。

9）除了可以使标准操作流程"可视化"外，也能够做到对用到的物料，以及构建需求的产品质量等信息随时查询。

10）采用 BIM 技术，可实现虚拟现实和资产、空间等管理，建筑系统分析等技术内容，从而便于运营维护阶段的管理应用。

11）运用 BIM 技术，可以对火灾等安全隐患进行及时处理，从而减少不必要的损失，对突发事件进行快速应变和处理，快速准确掌握建筑物的运营情况。

总体上讲，采用 BIM 技术可使整个工程项目在设计、施工和运营维护等阶段都能够有效地实现建立资源计划、控制资金风险、节省能源、节约成本、降低污染和提高效率。应用 BIM 技术，能改变传统的项目管理理念，引领建筑信息技术走向更高层次，从而大大提高建筑管理的集成化程度。

1.7 BIM 技术应用价值

1.7.1 BIM 技术解决的问题

1. 基于 BIM 的协同工作平台

BIM 具有单一工程数据源，可解决分布式、异构工程数据之间的一致性和全局共享问题，支持建设项目生命期中动态的工程信息创建、管理和共享。工程项目各参与方使用的是单一信息源，确保信息的准确性和一致性。实现项目各参与方之间的信息交流和共享。从根本上解决项目各参与方基于纸介质方式进行信息交流形成的"信息断层"和应用系统之间"信息孤岛"问题。

连接建筑项目生命期不同阶段数据、过程和资源的一个完善的信息模型是对工程对象的完整描述，参与建设项目的设计团队、施工单位、设施运营部门和业主等各方人员共用，进行有效的协同工作，节省资源、降低成本，以实现可持续发展。

促进建筑生命期管理，实现建筑生命期各阶段的工程性能、质量、安全、进度和成本的集成化管理，对建设项目生命期总成本、能源消耗、环境影响等进行分析、预测和控制。

2. 基于 BIM 的工程设计

BIM 是一种应用于设计、建造、管理的数字化方法，这种方法支持建筑工程的集成管理环境，可以使建筑工程在其整个进程中显著提高效率和大量减少风险。BIM 是数字技术在建筑工程中的直接应用，以解决建筑工程在软件中的描述问题，使设计人员和工程技术人员能够对各种建筑信息做出正确的应对，并为协同工作提供坚实的基础。实现了不同专业设计之间的信息共享。各专业设计可从信息模型中获取所需的设计参数和相关信息，不需要重复录入数据，避免数据冗余、歧义和错误。各专业之间的协同设计，如某个专业设计的对象被修改，其他专业设计中的该对象会随之更新。

由于 BIM 全面支持数字化的、采用不同设计方法的工程设计，尽可能地采用自动化设计技术，实现设计的集成化、网络化和智能化。能够根据 3D 模型自动生成各种图形和文档，而且始终与模型逻辑相关，当模型发生变化时，与之关联的图形和文档将自动更新；设计过程中所创建的对象存在着内建的逻辑关联关系，当某个对象发生变化时，与之关联的对象随之变化。

BIM 可以 4D 模拟实际施工，实现虚拟设计和智能设计，以便于在早期设计阶段就发现后期真正施工阶段会出现的各种问题，实现设计碰撞检测、能耗分析、成本预测等，为后期活动打下坚实的基础。

3. 基于 BIM 的施工及管理

实现集成项目交付 IPD（Integrated Project Delivery）管理。把项目主要参与方在设计阶段就集合在一起，着眼于项目的全生命期，利用 BIM 技术进行虚拟设计、建造、维护及管理。

实现动态、集成和可视化的 4D 施工管理。将建筑物及施工现场 3D 模型与施工进度相链接，并与施工资源和场地布置信息集成一体，建立4D施工信息模型。实现建设项目施工阶段工程进度、人力、材料、设备、成本和场地布置的动态集成管理及施工过程的可视化模拟，以提供合理的施工方案及人员、材料使用的合理配置，从而在最大范围内实现资源合理运用。

实现项目各参与方协同工作。项目各参与方信息共享，基于网络实现文档、图档和视档的提交、审核、审批及利用。项目各参与方通过网络协同工作，进行工程洽商、协调，实现施工质量、安全、成本和进度的管理和监控。

实现虚拟施工。在计算机上执行建造过程，虚拟模型可在实际建造之前对工程项目的功能及可建造性等潜在问题进行预测，包括施工方法实验、施工过程模拟及施工方案优化等。

4. 基于BIM的建筑运营维护管理

综合应用GIS技术，将BIM与维护管理计划相链接，实现建筑物业管理与楼宇设备的实时监控相集成的智能化和可视化管理。

基于BIM进行运营阶段的能耗分析和节能控制。

结合运营阶段的环境影响和灾害破坏，针对结构损伤、材料劣化及灾害破坏，进行建筑结构安全性、耐久性分析与预测。

5. 基于BIM的全生命周期管理

BIM是能够真正意义上实现工程项目全生命周期管理的新技术，已开始渗入到建筑行业的各个领域。BIM的应用对于实现建筑全生命期管理，提高建筑行业规划、设计、施工和运营的科学技术水平，促进建筑业全面信息化和现代化，具有巨大的应用价值和广阔的应用前景。基于BIM的建设工程全生命周期管理如图1-6所示。

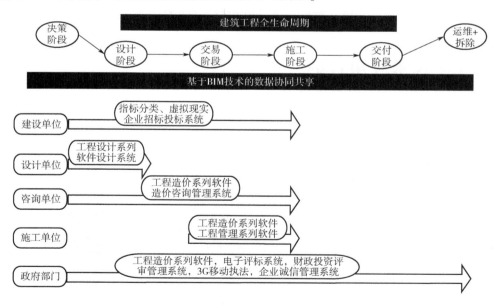

图1-6　建设工程全生命周期管理

1.7.2　BIM给业主带来的好处

采用BIM技术，可实现规划方案预演、场地分析、建筑性能预测和成本估算等技术

内容。

1.7.3 BIM 给设计单位带来的好处

采用 BIM 技术，可实现可视化设计、协同设计、性能化设计、工程量统计和管线综合等技术内容。

1.7.4 BIM 给施工单位带来的好处

采用 BIM 技术，可实现施工进度模拟、数字化建造、物料跟踪、可视化管理和施工配合等技术内容。

1.7.5 BIM 给运营维护方带来的好处

采用 BIM 技术，可实现虚拟现实和漫游、资产、空间等管理、建筑系统分析和灾害应急模拟等技术内容。

1.7.6 BIM 给软件商带来的好处

软件是工程项目管理中必不可少的应用工具，软件商是应用软件的制造者，支持 BIM 技术的实施，软件商可能更希望 BIM 为他们带来：

1）销售收入的增长——使得软件的用户数量和销售价格迅速增长。

2）强大的软件功能——为满足项目各方提出的各种需求，而不断开发、完善软件的功能。

3）持续的支持效益——能从软件后续升级和技术支持中获得收益。

1.8 BIM 技术应用目的

1.8.1 预知结果，保证目标顺利实现

BIM 信息模型可以预先观察到设计的建筑物，特别是一些细节部分，是否满足业主的要求，符合业主最初设想，如图1-7所示。

1.8.2 虚拟施工，提高施工技术水平

通过对工程进行建造阶段的施工模拟，即将实际建造过程在计算机上虚拟仿真实现，以便能及早地发现工程中存在或者可能出现的问题。该技术采用参数化设计、虚拟现实、结构仿真、计算机辅助设

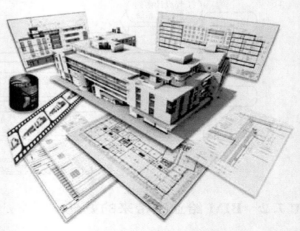

图 1-7　BIM 设计方案拓扑图

计等技术，在高性能计算机硬件等设备及相关软件本身发展的基础上协同工作，对施工中的人、财、物信息流动过程进行全仿真环境的 3D 模拟，为各个参与方提供一种可控制、无破坏性、耗费小、低风险并允许多次重复的试验方法，通过 BIM 技术可以有效地提高施工技术水平，消除施工隐患，防止施工事故，减少施工成本与时间，增强施工过程中决策、控制与优化的能力。某工程虚拟施工过程如图 1-8 所示。

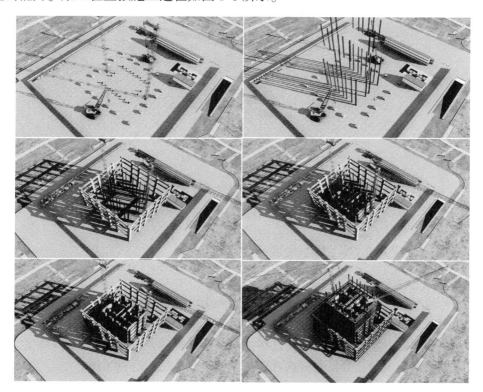

图 1-8 基于 BIM 的虚拟施工过程

1.8.3 运维平台，提供物业管理支撑

项目施工完毕后，将进入正式的后期运营维护阶段。通过将 BIM 模型与运维管理系统集成一体化后，可向使用者提供所需的一系列重要数据，使 HSE 等关键工作的筹备效率有了大大的提高，如强弱电部署、位置、接入点等。使用者只需轻松点击鼠标在特定的物业管理平台上便可利用 BIM 的 3D 视图直接读取与特定设施设备相关的不同电气层以及相关电线、变电箱等信息，同时自动生成工作许可单所需的断电点和挂牌点数据。即在正式工作执行前，系统可作为工作指导手册来辅助技术工人的实际操作。

在物业管理中，与现场巡检和抄表相关的工作计划和路线制订始终是一项令人头疼的事。基于 3D BIM 模型的物业管理平台可为用户提供最优路径制订引擎功能。根据现有的巡检路线，系统可根据实际情况（如工作频率变化需对应技术工人或外包商的工作计划的重新调整）自动优化计划安排，并利用 3D 效果进行展示。装备了手持移动终端的现场技术人员在对张贴在巡检点上的条码进行扫描后便可录入其所读取的仪表数据。

基于 BIM 的物业管理平台如图 1-9 所示。

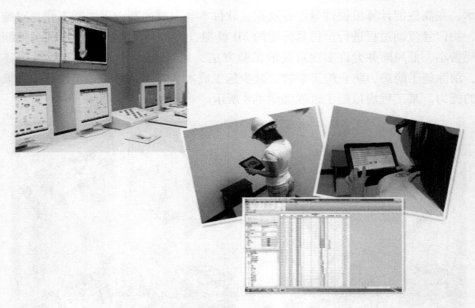

图 1-9　基于 BIM 的物业管理平台

1. 8. 4　BIM 的应用给项目建设带来的改变

1. 模型设计发生的变化

作为一名建筑师，首先要真实地再现他们脑海中或精致、或宏伟、或灵动、或庄重的建筑造型，在使用 BIM 之前，建筑师们很多时候是通过泡沫、纸盒做的手工模型来展示头脑中的创意，相应调整方案的工作也是在这样的情况下进行的，由创意到手工模型的工作需要较长的时间，而且建筑师还会反复多次在创意和手工模型之间进行工作。

2. 专业设计发生的变化

对于兼具体育场和外观复杂的双重特性项目，只有采用 3D 建模方式进行设计，才能避免许多 2D 设计后期才会发现的问题。采用基于 BIM 技术的 Revit 系列软件做支撑，以预先导入的 3D 外观造型做定位参考，在 Revit 中建立体育场内部建筑功能模型、结构网架模型、机电设备管线模型。

3. 专业纠错的变化

由于 BIM 模型其真实的 3D 特性，它的可视化纠错能力直观、实际，对设计师很有帮助，这使施工过程中可能发生的问题，提前到设计阶段来处理，减少了施工阶段的反复，不仅节约了成本，更节省了建设周期。

4. 模型后续利用的变化

体育场馆的设计对防火、疏散、声音、温度等要求较高，这些都有非常专业的分析模拟软件，而 BIM 模型的建立有助于相关的分析研究。

5. 质量控制的变化

凭借 BIM 模型便于设计人员与业主进行沟通，因为现在很多业主是非专业人员，而 2D 和一些效果图软件只能制作效果夸张的平面模型，缺乏直观逼真的效果；而 3D 模型可以提供一个内部可视化的虚拟建筑物，并且是实际尺寸比例。即业主所看到的设计什么样，将来建成后就是什么样。业主可以通过计算机里的虚拟建筑物，查看任意一个房间、走廊、门厅，了解其高度、构造、梁柱布局，通过直观的视觉感受，确定建筑室内高度是否满意、窗子是否合理，所以很容易在前期方案设计阶段通过沟通解决很多现实当中的问题，否则，等建筑盖起来以后会留下很多遗憾。

1.9 基于 BIM 的项目精细化管理

1.9.1 当前工程项目管理难点和需求

当前工程项目管理水平有了很大的提高，尤其是在技术革新、管理模式创新和项目流程梳理上有了质的飞跃，然而制约项目发展的质量、安全、成本问题至今仍困扰各企业和高管层。现在行业内的企业普遍都有了一套适合企业和社会发展的体系，但是执行起来却非常困难，工程项目数据量大、各岗位间数据流通效率低、团队协调能力差等问题成了制约发展的主要因素，其比较典型地体现在成本管控的各环节中。

1. 项目管理各条线获取数据难度大

工程项目开始后会产生海量的工程数据，这些数据获取的及时性和准确性直接影响到各单位、班组的协调性水平和项目的精细化管理水平。然而，现实中工程管理人员对于工程基础数据获取能力是比较差的，这使得采购计划不准确、限额领料难执行、短周期的多算对比无法实现、过程数据难以管控、"飞单""被盗"等现象严重。

2. 项目管理各条线协同、共享、合作效率低

工程项目的管理决策者获取工程数据的及时性和准确性都不够，严重制约了各条线管理者对项目管理的统筹能力。在各工种、各条线、各部门协同作业时往往凭借经验进行布局管理，各方的共享与合作难以实现，最终难免大家各自为政，工程项目的管理成本骤升、浪费严重。

3. 工程资料难以保存

现在工程项目的大部分资料保存在纸质媒介上，由于工程项目的资料种类繁多、体量和保存难度过大、应用周期过长，在工程项目从开始到竣工结束后大量的施工依据不易追溯，尤其涉及变更单、签证单、技术核定单、工程联系单等重要资料的遗失，将对工程建设各方责权利的确定与合同的履行造成重要影响。

4. 设计图样碰撞检查与施工难点交底困难多

设计院出具的施工图样中由于各专业划分不同，设计人员的素质不同，最难以考量的是各专业的相互协调问题。设计图样的碰撞问题易导致工期延误、成本增加等，更给工程质量安全带来巨大隐患。现如今建筑物的造型越来越复杂，建筑施工周期越来越短，因此，对于建筑施工的协调管理和技术交底要求越来越高，不同素质的施工人员，反复变化的设计图样使按图施工的要求显得有些力不从心。在当前工程项目施工过程中，常常出现不同班组同一部位施工采用不同蓝图的情况；也出现了建筑成品与施工蓝图对不上的情况。施工交底的难度不断增大。

1.9.2 解决方案和关键技术

1. 工程基础数据统计分析系统

工程基础数据统计分析系统（图1-10）是以创建的 BIM 模型和全过程造价数据为基础，把原来分散在个人手中的工程信息模型汇总到企业，形成一个汇总的企业级项目基础数据库，企业不同岗位都可以进行数据的查询和分析，为总部管理和决策提供依据，为项目部的成本管理提供依据。

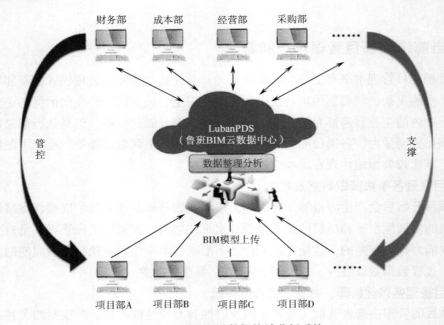

图1-10 工程基础数据统计分析系统

工程基础数据统计分析系统的应用流程分为三步：汇集数据→整理和分析数据→利用分析后的数据进行成本管控。

工程基础数据库由实物量数据和造价数据两部分构成，其中实物量数据可以通过算量软件创建的 BIM 模型直接导入，造价数据可以通过造价软件导入。通过建立企业级项目基础数据库，可以自动汇总分散在各个项目中的工程模型，建立企业工程基础数据；自动拆分和统计不同部门所需数据，为部门决策做依据；自动分析工程人、材、机数量，形成多工程对比，有效控制成本；通过协同分享提高部门间协同效率，并且建立与 ERP 的接口，使得成本分析数据信息化、自动化和智能化。

2. 项目基础数据全过程服务

项目基础数据全过程服务（Project Data Providing Service，PDPS）（图1-11）是由第三方专业团队直接为客户提供工程 BIM 数字建模、项目基础数据全过程应用支持的服务性产品，让苦于缺乏 BIM 技术人才又很想应用 BIM 技术创造价值的项目部和建筑企业达到利用 BIM 技术进行项目精细化管理的目的。

PDPS 服务首先是由委托方将业主、设计、顾问单位的图样和变更资料转给服务团队。其后，服务团队利用先进的 BIM 建造工具和专业的团队力量在最短的时间内提供与所取资

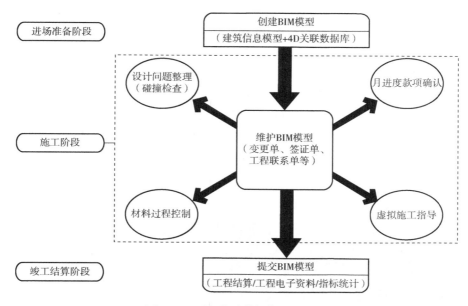

图 1-11   项目基础数据全过程服务

料完全对应的 BIM 模型和工程量清单。随后，在项目过程中服务团队依据变更单、技术核定单、工程联系单、签证单等工程相关资料实时维护更新 BIM 数据，并将其及时上传至 BIM 云数据中心的服务器中，委托方各条线管理人员即可通过 BIM 浏览器随时随地看到最新的数据。

PDPS 服务体系的核心是由 BIM 云数据中心和 BIM 浏览器组成的支撑系统。有了 PDPS 的支持系统，客户几乎可以得到从图样到 BIM 数据的实时服务，利用 BIM 数据的实时性、便利性大幅提升，实现最新数据的自助服务，从而大大扩展 BIM 应用价值，也使 PDPS 实现了标准化服务，可以规模化复制扩展。

3. 进场准备阶段——BIM 模型的创建

根据第一版施工图样、招标投标文件、招标答疑等相关资料，技术人员在一周时间内建立 BIM 模型，如图 1-12 所示。

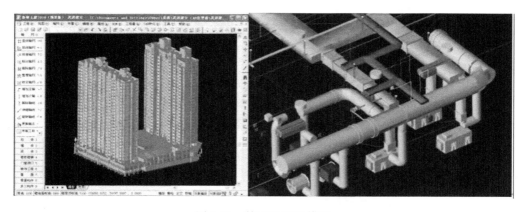

图 1-12   某工程 BIM 模型

4. 施工阶段——BIM 模型的实时维护

1）BIM 模型的维护与更新。根据变更单、签证单、工程联系单、技术核定单等相关资料派驻人员进驻现场配合对 BIM 模型进行维护、更新，为项目各条管理线提供最为及时、准确的工程数据。

2）碰撞检查。传统施工管理中 2D 平面图样很难发现不同系统的管件碰撞问题，由此引发返工造成极大的成本浪费与工期延误。利用 BIM 模型可以轻松快捷地检查在 3D 空间环境下各专业的碰撞情况，如某工程利用 BIM 模型检查出人防地下车库机电安装工程中进水管与风管发生碰撞（图 1-13）、消防系统与风系统发生碰撞等。通过变更条件进行 BIM 模型维护，提前反映施工设计问题，避免返工与浪费。

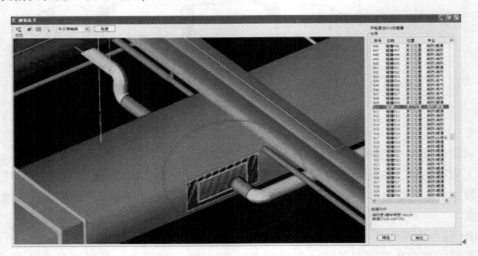

图 1-13 人防地下车库机电安装工程中进水管与风管碰撞点

3）材料领取控制。利用 BIM 模型的 4D 关联数据库，快速、准确获得施工过程中工程基础数据拆分实物量，随时为采购计划的制订提供及时、准确的数据支撑，随时为限额领料提供及时、准确的数据支撑（图 1-14），为飞单等现场管理情况提供审核基础。

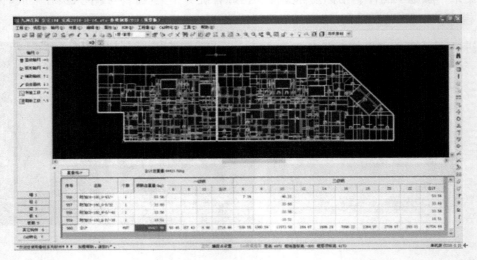

图 1-14 基于 BIM 的限额领料

4）月进度款项确认。根据 BIM 技术 4D 关联数据库、合同和图样等相关要求设定相应参数，快速、准确获得进度工程量，直接框图出价（图 1-15），实现过程三算对比，进行月度产值核算，有效实现进度控制。

图 1-15　基于 BIM 的框图出价

5）虚拟施工指导。传统施工管理模式下，图样审核不清晰，施工过程损耗大，不同班组施工采用多版图样等管理混乱现象严重。利用 BIM 模型的虚拟性与可视化，提前反映施工难点，避免返工现象；模拟展现施工工艺，3D 模型交底，提升各部门间协同沟通效率；模拟施工流程，优化施工过程管理。

5. 竣工结算阶段——BIM 模型的提交

汇总施工各相关资料制订最终的全专业 BIM 模型，包括工程结算电子数据、工程电子资料、指标统计分析资料并刻录成光盘备份保存。PDPS 项目所记录的资料同样会保存在服务器中，便于日后对该项目的查找和追溯，可以快速、准确地对工程各种资料进行定位。大量的数据留存与服务器经过相应处理形成建筑企业的数据库，日积月累为企业的进一步发展提供强大的数据支持。

简　述　题

针对当下工程项目管理中存在的难点和需求，如何利用 BIM 技术解决相关问题？

答：1）基于 BIM 的协同工作平台，从根本上解决项目各参与方基于纸介质方式进行信息交流形成的"信息断层"和应用系统之间"信息孤岛"问题。

2）基于 BIM 的工程设计，可以使建筑工程在其整个进程中显著提高效率和大量减少风险。

3）基于 BIM 的施工及管理，可以实现建设项目施工阶段工程进度、人力、材料、设备、成本和场地布置的动态集成管理及施工过程的可视化模拟，提供合理的施工方案及人员、材料使用的合理配置，从而在最大范围内实现资源合理运用。

4）基于 BIM 的建筑运营维护管理，将 BIM 与维护管理计划相链接，可以实现建筑物业管理与楼宇设备的实时监控相集成的智能化和可视化管理。

5）基于 BIM 的全生命周期管理，可以实现建筑全生命期管理，提高建筑行业规划、设计、施工和运营的科学技术水平，促进建筑业全面信息化和现代化。

第2章 BIM技术在项目管理中的应用内容

导读：BIM 技术的出现是建筑行业的一次工具革命，BIM 将建设单位、设计单位、施工单位、监理单位等项目参建方协同于同一个平台上，共享统一的 BIM 模型，用于项目的可视化、精细化建造。所以，了解 BIM 技术与项目管理必须先了解 BIM 在项目管理中各参建方的应用，以及在各参建方应用基础上的 BIM 总体策划要点。

本章首先从 BIM 在项目管理中的内容划分开始，解释 BIM 的具体应用内容，从公司管理、工程变更等几个方面进行阐释。最后简要说明 BIM 在项目管理中总体实施策划的步骤和内容。

2.1　BIM 在项目管理中内容划分

由于施工项目有施工总承包、专业施工承包、劳务施工承包等多种形式，其项目管理的任务和工作重点也会有很大的差别。BIM 技术引入后，也需要针对项目的需求进行具体的内容实施。BIM 在项目管理中按不同工作阶段、内容、对象和目标可以分很多类别，具体见下面几种分类方法。

2.1.1　按工作阶段划分

1）基于 BIM 的投标签约阶段管理。

2）基于 BIM 的施工准备阶段管理。

3）基于 BIM 的施工阶段管理。

4）基于 BIM 的竣工验收阶段管理。

5）基于 BIM 的质量保修与售后服务管理。

2.1.2　按工作内容划分

1）基于 BIM 的施工项目管理规划。

2）基于 BIM 的施工项目生产要素管理。

3）基于 BIM 的施工项目信息管理。

4）基于 BIM 的施工现场管理。

5）基于 BIM 的施工项目协调管理。

2.1.3　按工作对象划分

1）基于 BIM 的施工人员管理。

2）基于 BIM 的施工机具管理。

3）基于 BIM 的施工材料管理。

4）基于 BIM 的施工方法管理。

5）基于 BIM 的施工环境管理。

2.1.4 按工作目标划分

1）BIM 在进度控制方面的应用。

2）BIM 在质量控制方面的应用。

3）BIM 在安全控制方面的应用。

4）BIM 在成本控制方面的应用。

5）BIM 在文明施工方面的应用。

2.2 BIM 在管理中的具体内容

2.2.1 管理国际化

目前 BIM 工程管理技术已成为国际工程管理的潮流，在美国及一些发达国家已普遍采用 BIM 技术进行工程管理。国内建设行业内的大公司也相继推广 BIM 工程管理技术，BIM 工程管理技术必将给传统的工程管理带来一场革命。BIM 工程管理技术把项目主要参与方在设计阶段就集合在一起，着眼于项目的全生命周期，利用 BIM 技术进行虚拟设计、建造、维护及管理，能给参建各方带来较大的经济效益，大幅降低项目风险，减少了项目实施过程中的未知，让管理变得轻松和精细化。

2.2.2 实现参建各方高效沟通

通过 BIM 的终端设备能把业主和参建各方实时链接在一起，在项目的建设周期内让各方畅通地沟通。通过搭建 1:1 的 3D 信息化建筑模型，让可能不懂专业的业主也能直观地了解项目的各项情况，如同现场参观实体一样。

从设计阶段起设计师就可根据业主要求，快速搭建方案设计 3D 模型，取代了传统的平面图或效果图，让业主全方位了解设计方案，以便确定是否实现了他们的想法。

在设计过程中设计师通过 BIM 系列软件搭建 1:1 的精细化 3D 模型，形象地表现出设计成果，实现所见即所得。业主及监理方可随时跟踪进度，以及统计实体工程量，以便实现前期的造价控制、质量跟踪控制。

在设计中可以最大程度地满足业主对设计成果的细节要求（业主可在线以任何一个角度观看设计产品的构造，甚至是小到一个插座的位置、规格、颜色），业主在设计过程中可在线随时提出修改意见，设计师将及时满足业主的合理修改要求。

BIM 技术能为业主提供更为完美的设计产品，能把工程的结构分析、节能设计、智能化、安全、环保、绿色等做得更好。

在施工阶段中实现动态、集成和可视化的 4D 施工管理。将建筑物及施工现场 3D 模型与施工进度相链接，并与施工资源和场地布置信息集成一体，建立4D施工信息模型，实现建设项目施工阶段工程进度、人力、材料、设备、成本和场地布置的动态集成管理及施工过程的可视化模拟。实现项目各参与方协同工作。项目各参与方信息共享，基于网络实现文档、图档和视档的提交、审核、审批及利用。

在项目的前期设计和施工阶段可以把大量的工程相关信息（如构件和设备的技术参数、供方信息、状态信息）录入到信息模型中，可在运营过程中随时更新，通过对这些信息快速准确的筛选调阅，能为项目的后期运营带来很大便利。

2.2.3 实现虚拟施工

在计算机上执行建造过程，虚拟模型可在实际建造之前对工程项目的功能及可建造性等潜在问题进行预测，包括施工方法试验、施工过程模拟及施工方案优化等。

在建造时随时随地都可以非常直观快速地知道计划是什么样的，实际进展又是怎么样的。这样通过BIM技术结合施工方案、施工模拟和现场视频监测，大大减少建筑质量问题、安全问题，减少返工和整改。

3D可视化技术可以直观地将工程建筑与实际工程对比，考察理论与实际的差距和不合理性。同时，3D模型的对比可以使业主对施工过程及建筑物相关功能性进行进一步评估，从而提早作出反应，对可能发生的情况做及时调整。

建造过程中无论是施工方、监理方，甚至非工程行业出身的业主、领导都对工程项目的各种问题和情况了如指掌。

3D动画渲染和漫游也可辅助业主在进行销售活动或有关于建筑宣传展示的时候给人以真实感和直接的视觉冲击。

2.2.4 解决传统碰撞检查难题

施工过程中相关各方有时需要付出几十万、几百万，甚至上千万的代价来弥补由设备管线碰撞等引起的拆装、返工和浪费。BIM技术的应用能够安全避免这种无谓的浪费。传统的2D图样设计中，在结构、水暖电等各专业设计图样汇总后，由总图工程师人工发现和解决不协调问题，这将耗费建筑结构设计师和安装工程设计师大量时间和精力，影响工程进度和质量。由于采用2D设计图来进行会审，人为的失误在所难免，使施工出现返工现象，造成建设投资的极大浪费，并且还会影响施工进度。

应用BIM技术进行3D管线的碰撞检查，不但能够彻底消除硬碰撞、软碰撞，优化工程设计，减少在建筑施工阶段可能存在的错误损失和返工的可能性，而且优化净空，优化管线排布方案。最后施工人员可以利用碰撞优化后的3D管线方案，进行施工交底、施工模拟，提高施工质量，同时也提高了与业主沟通的能力。

2.2.5 实现精细化的施工管理

项目各参与方通过网络协同工作，进行工程洽商、协调，实现施工质量、安全、成本和进度的管理和监控。

1. 可视化的设计交底

设计人员可以通过模型实现向施工方的可视化设计交底，能够让施工方清楚了解设计意

图，了解设计中的每一个细节。

2. 可视化的技术交底

我国工人文化水平普遍不高，在造型复杂的工程向工人进行技术交底时往往难以让工人理解技术要求，但通过模型可以让工人知道自己将要完成的部分是什么样，有哪些技术要求，直观而形象。

3. 精细化的施工安排

可以用模型形象地反映出工程实体的实况，通过对各步工作的分解，精确统计出各步工作工程量，再结合工作面情况和资源供应情况，分析后可精确地组织施工资源进行实体的修建。

4. 精确的工程量统计

施工管理人员可以根据施工进度（部位）快速统计出需要的工程材料数量，实现真正的定额领料并合理安排运输。

5. 实现钢结构的预拼装

大型钢结构施工过程中变形较大，传统的施工方法要在工厂进行预拼装后再拆开到现场进行拼装。而采用 BIM 技术后就可以把现场的要安装的钢结构进行精确测量后在计算机中建立与实际情况相符的模型，实现虚拟预拼装。

6. 实现构件工厂化生产

可以基于 BIM 设计模型对构件进行分解，对其编制二维码，在工厂加工好后到现场进行组装，精准度高，失误率低。

7. "框图出价"——进度款管理

基于 BIM 技术可以根据 3D 图形分楼层、区域、构件类型、时间节点等进行"框图出价"，可以快速、准确地进行月度产值审核，对进度款的拨付做到游刃有余。工程造价管理人员可及时、准确地筛选和调用工程基础数据成为可能。

2.2.6 为工程后期维护提供准确数据

基于 BIM 模型的工程文档管理，是将文档等通过手工操作和 BIM 模型中相应部位进行链接。该管理系统集成了对文档的搜索、查阅、定位功能，并且所有操作在基于 4D BIM 可视化模型的界面中，充分提高数据检索的直观性，提高工程相关资料的利用率。当施工结束后，自动形成的完整的信息数据库，为工程运营管理人员提供快速查询定位服务。文档内容可包括：勘察报告、设计图样、设计变更、会议记录、施工声像及照片、签证和技术核定单、设备相关信息、各种施工记录、其他建筑技术和造价资料相关信息。

2.3 BIM 技术在公司管理中的应用

通过 BIM 技术在多个实际项目中的应用，合理制订企业内部 BIM 标准，规范 BIM 应用，并总结出符合企业特点的 BIM 族库。

2.3.1 族的概念

族是 BIM 系列软件中组成项目的单元，同时是参数信息的载体，是一个包含通用属性集和相关图形表示的图元组。族中的每一类型都具有相关的图形表示和一组相同的参数，称作族类型参数。常用到的族大致可以分为三类：系统族、内建族和可载入族。

1）系统族是已经在项目中预定义并只能在项目中进行创建和修改的族类型，例如墙、楼板、顶棚、轴网、标高等。它们不能作为外部文件载入或创建，但可以在项目和样板间复制、粘贴或者传递系统族类型。

2）内建族只能储存在当前的项目文件里，不能单独存成 RFA 文件，也不能用在别的项目文件中。通过内建族的应用，设计人员可以在项目中实现各种异形造型的创建以及导入其他 3D 软件创建的 3D 实体模型。同时在通过设置内建族的族类别，还可以使内建族具备相应族类别的特殊属性以及明细表的分类统计。

3）可载入族是使用族样板在项目外创建的 RFA 文件，可以载入到项目中，具有高度可自定义的特征，因此可载入族是用户最常创建和修改的族。可载入族包括在建筑内和建筑周围安装的建筑构件，例如窗、门、橱柜、装置、家具和植物等。此外，它们还包含一些常规自定义的注释图元，例如符号和标题栏等。创建可载入族时，需要使用软件提供的族样板，样板中包含有关要创建的族的信息。

2.3.2　族库标准

族建立时主要考虑施工深化图出图的需要，模型的参数驱动需求以及体现公司特色的目标，在建立族库的时候，运用企业自定义的族样板，在 Revit Structure 的原有族样板的基础上结合公司深化的经验与习惯，创建适应公司结构施工及日后维护的族样板作为族库建立的标准样板，在此标准样板中包含了尺寸、应力、价格、材质、施工顺序等在施工中必需的参数。

2.3.3　族库建立

根据项目的需求建立族，所建立的族要具有高度的参数化性质，可以根据不同的工程项目来改变族的参数，通用性和拓展性强。某公司的 BIM 族库如图 2-1 所示。

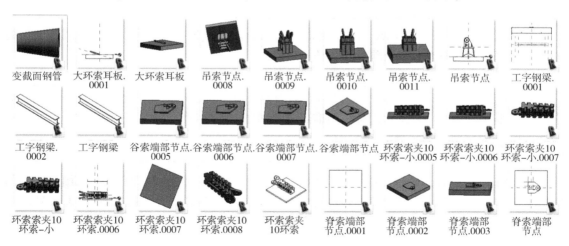

图 2-1　某公司 BIM 族库

2.3.4 掌握施工及项目管理方面的 BIM 技术

1）深入学习 BIM 在施工行业的实施方法和技术路线，提高施工技术人员的 BIM 软件操作能力。

2）掌握基本 BIM 建模方法，加深 BIM 施工管理理念。

3）在施工、造价管理和项目管理方面能进行 BIM 技术的综合应用，从而加快推动施工人员由单一型技术人才向复合型全面人才的转变。

2.3.5 组建 BIM 技术团队

1）组建多层级团队，能够应用 BIM 技术为企业、部门或项目提高工作质量和效率等。

2）建立企业 BIM 技术中心，负责 BIM 知识管理、标准与模板、构件库的开发与维护、技术支持、数据存档管理、项目协调、质量控制等。

3）合理制定企业内部 BIM 标准、规范、BIM 应用要求。

2.3.6 提升企业及项目级管理水平

1）借助 BIM 技术，优化项目管理流程，在招标采购管理、成本合约管理等方面与企业的 ERP 系统进行整合，实现粗放式到精细化的发展转变。

2）在工程成本快速测算、加快施工进度、提高工程质量、确保施工安全等多个方面发挥 BIM 技术的作用，通过 BIM 提升自身地位，实现与业主方、设计方的协同，减少变更洽商。

3）改善 2D 读图方式带来的弊端，检查综合管线复杂碰撞，优化管线设计，避免返工情况，提高生产效率，降低生产成本，提高企业经济效益。

2.3.7 提升企业综合技术实力

1）提高施工方 3D 可视化技术的能力，辅助企业进行投标，承揽 BIM 项目，提高中标可能性，能进行 BIM 模型的可视化渲染、碰撞检测报告、绘制施工图等。

2）选定试点项目展开 BIM 工作，进而带动整个公司的 BIM 技术普及，使之成为公司的核心竞争力，为承揽大型复杂项目提供技术保障。

3）进行后期 BIM 大赛及其他奖项的申报，拓展企业市场，增强企业的影响力。

4）促进新技术与 BIM 相结合，通过企业内部资源与科研机构等联合研发 BIM 施工管理中新的应用点，例如：云技术、激光扫描点云技术、GIS 技术等。

2.3.8 BIM 私有云平台

企业级 BIM 私有云平台是针对企业 BIM 应用而搭建的。企业可以将 BIM 应用所需要的图形工作站、高性能计算资源、高性能存储以及 BIM 软件部署在云端。BIM 数据模型和应用、分析的结果数据自然也会产生在云端，而地端的用户无须安装专业的 BIM 软件，也无须强大的图形处理功能，只需要一台普通的终端计算机通过网络连接到云平台，就可以在上面进行 BIM 相关工作。

2.3.9 企业信息资源管理系统

在理想情况下，施工企业可通过 BIM 技术对多个项目进行管理，并对这些项目进行整体的资源协调等，以及进行企业日常管理。由于施工企业管理的信息也可依据面向对象的方法进行分析，如分解成人员、部门、分公司等相关对象，包括成本记录、企业计划、技术文档等信息，这些信息都可以基于 BIM 技术的面向对象特性进行表示。基于 BIM 的企业管理流程如图 2-2 所示。

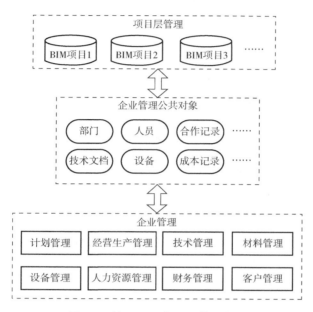

图 2-2　基于 BIM 的企业管理流程

2.4　BIM 在工程变更管理中的应用

2.4.1　变更的概念

工程变更（EC，Engineering Change）是指针对已经正式投入施工的工程进行的变更。在工程项目实施过程中，按照合同约定的程序对部分或全部工程在材料、工艺、功能、构造、尺寸、技术指标、工程数量及施工方法等方面做出的改变。工程变更主要是工程设计变更，但施工条件变更、进度计划变更等也会引起工程变更。

设计变更（Design Alteration）是指设计部门对原施工图样和设计文件中所表达的设计标准状态的改变和修改。设计变更和现场签证两者的性质是截然不同的，现场签证（site visa）是指业主与承包商根据合同约定，就工程施工过程中涉及合同价之外的施工内容所做的签认证明，不包含在施工合同的价款中，具有临时性和无规律性等特点，涉及面广，如设计变更、隐蔽工程、材料代用、施工条件变化等，它是影响工程造价的关键因素之一。

凡属设计变更的范畴，必须按设计变更处理，而不能以现场签证处理。

2.4.2 决定是否变更的标准

1）实施变更给项目带来的风险。

2）不实施变更给项目带来的风险。

3）实施变更对项目产生的影响（进度、造价、质量方面）。

2.4.3 工程变更的表现形式

1）更改工程有关部位的标高、位置和尺寸。

2）增减合同中约定的工程量。

3）增减合同中约定的工程内容。

4）改变工程质量、性质或工程类型。

5）改变有关工程的施工顺序和时间安排。

6）图样会审、技术交底会上提出的工程变更。

7）为使工程竣工而必须实施的任何种类的附加工作。

2.4.4 工程变更的原则

1）设计文件是安排建设项目和组织施工的主要依据，设计一经批准，不得随意变更，不得任意扩大变更范围。

2）工程变更对改善功能、确保质量、降低造价、加快进度等方面要有显著效果。

3）工程变更要有严格的程序，应申述变更设计理由、变更方案、与原设计的技术经济比较，报请审批，未经批准的不得按变更设计施工。

4）工程变更的图样设计要求和深度等同原设计文件。

2.4.5 工程变更因素

1）业主原因：业主本身的需求发生变化，工程规模、使用功能、工艺流程、质量标准的变化，以及工期改变等合同内容的调整。变更是必然的，特别是精装。业主看到的施工结果与他想要的东西发生偏差，业主看图样看模型感觉不出好坏，做了样板房，必然会有更改。这种更改的时间是无法掌控的。

2）设计原因：设计错漏、设计不到位、设计调整，或因自然因素及其他因素而进行的设计改变，或与现场不符，无法施工非改不可等。

3）施工原因：因施工质量或安全需要变更施工方法、作业顺序和施工工艺等，有时遇到突发情况和特殊地质情况，有时纯粹是为了方便施工节约人工，有的则是通过设计变更而谋取利益，有时则是施工错误而不得已要求设计变更，使错误具有合法性。

4）监理原因：监理工程师出于工程协调和对工程目标控制有利的考虑，而提出的施工工艺、施工顺序的变更。

5）合同原因：原订合同部分条款因客观条件变化，需要结合实际修正和补充。

6）环境原因：不可预见自然因素、工程外部环境和建筑风格潮流变化导致工程变更。

7）其他原因：如地质原因引起的设计更改。

2.4.6　工程变更分析

几乎所有的工程项目都可能发生变更甚至是频繁的变更。有些变更是有益的、必要的，但有些却是非必要和破坏性的，如果变更过程管理不当将会产生很高的代价。作为变更管理，工程前期应制订一套完整、严密的变更流程来把关所有施工及设计变更引起的经济变更。

作为设计变更应尽量提前，变更发生得越早则损失越小，反之就越大。如在设计阶段变更，则只需修改图样，其他费用尚未发生，损失有限；如果在采购阶段变更，不仅需要修改图样，而且设备、材料还需重新采购；若在施工阶段变更，除上述费用外，已施工的工程还需增加拆除费用，势必造成重大变更损失。设计变更费用一般应控制在建筑安装工程总造价的5%以内，由设计变更产生的新增投资额不得超过基本预备费的三分之一。

变更往往是修正性变更居多，即对以前设计缺陷和错误的一种纠正，它是由于各专业各成员之间沟通不当或设计师专业局限性所致。有的变更则是需求和功能的改善，无计划的变更是项目中引起工程延期和成本增加的主要原因。

2.4.7　工程变更对策

造价师应在变更前对变更内容进行测算和造价分析，即使没有图样也能根据概念和说明进行专业判断、变更必要性分析和综合平衡，即功能增加与造价增加之间寻求新的平衡。评估设计单位设计变更的成本效应，对设计变更提供工程造价费用增减估算给集团合约采购部，为询标人事先的变更决定及变更后的预算调整提供依据。根据实际情况和地方法规标准及定额标准配合甲方做好项目施工索赔内容合情合理的裁决、判断、审定、最终测算及核算。审核、评估承包商、供货商提出的索赔，分析、评估合同中甲方可以提出的索赔，为甲方谈判提供策略和建议。

2.5　BIM在施工管理中的应用

2.5.1　虚拟施工

基于BIM的虚拟施工，其施工本身不消耗施工资源，却可以根据可视化效果看到并了解施工的过程和结果，可以较大程度地降低返工成本和管理成本，降低风险，增强管理者对施工过程的控制能力。建模的过程就是虚拟施工的过程，是先试后建的过程，施工过程的顺利实施是在有效的施工方案指导下进行的，施工方案的编制主要是根据项目经理、项目总工程师及项目部的经验，施工方案的可行性一直受到业界的关注，由于建筑产品的单一性和不可重复性，施工方案具有不可重复性。一般情况，当某个工程即将结束时，一套完整的施工方案才展现于面前。

施工进度拖延，安全、质量问题频发，返工率高，施工成本超支等已成为现有建筑工程项目的通病。在施工开始前，制订完善的施工方案是十分必要的，也是极为重要的。虚拟施工技术不仅可以检测和比较施工方案，还可以优化施工方案。

2.5.2　建筑构件建模

首先根据建筑图样,将整个建筑工程分解为各类构件,并通过3D构件模型,将它们的尺寸、体积、重量直接测量下来,以及采用的材料类型、型号记录下来。其次针对主要构件选择施工设备、机具,确定施工方法。通过建筑构件建模,可以帮助施工人员事先研究如何在现场进行构件的施工和安装。

2.5.3　施工现场建模

施工前,施工方案制订人员先进行详细的施工现场查勘,重点研究解决施工现场整体规划、进场位置、卸货区位置、起重机械位置及危险区域等问题,确保建筑构件在起重机械安全有效范围作业;利用5D建模,可模拟施工过程、构件吊装路径、危险区域、车辆进出现场状况、装货卸货情况等。施工现场虚拟5D全真模型可以直观、便利地协助管理者分析现场的限制,找出潜在的问题,制订可行的施工方法;有利于提高效率、减少传统施工现场布置方法中存在漏洞的可能,及早发现施工图设计和施工方案的问题,提高施工现场的生产率和安全性。

2.5.4　施工机械建模

施工方法通常由工程产品和施工机械的使用决定,现场的整体规划、现场空间、机械生产能力、机械安拆的方法又决定施工机械的选型。

2.5.5　临时设施建模

临时设施是为工程施工服务的,它的布置将影响到工程施工的安全、质量和生产效率,5D全真模型虚拟临时设施对施工单位很有用,可以实现临时设施的布置及运用,还可以帮助施工单位事先准确地估算所需要的资源,以及评估临时设施的安全性,是否便于施工,以及发现可能存在的设计错误。

2.5.6　施工方法可视化

5D全真模型平台虚拟原型工程施工,对施工过程进行可视化模拟,包括工程设计、现场环境和资源使用状况,具有更大的可预见性,将改变传统的施工计划、组织模式。施工方法的可视化使所有项目参与者在施工前就能清楚地知道所有施工内容以及自己的工作职责,能促进施工过程中的有效交流,它是目前评估施工方法、发现问题、评估施工风险简单、经济、安全的方法。

采用BIM进行虚拟施工,须事先确定以下信息:设计和现场施工环境的5D模型;根据构件选择施工机械及机械的运行方式;确定施工的方式和顺序;确定所需临时设施及安装位置。

2.5.7　施工方法验证过程

BIM技术能全真模拟运行整个施工过程,项目管理人员、工程技术人员和施工人员可以了解每一步施工活动。如果发现问题,工程技术人员和施工人员可以提出新的施工方法,并对新的方法进行模拟来验证其是否可行，即施工试错过程，它能做到在工程施工前绝大多数的施工风险和问题都能被识别，并有效地解决。

2.5.8 项目参与者之间有效的交流工具

虚拟施工使施工变得可视化，这极大地便利了项目参与者之间的交流，特别是不具备工程专业知识的人员，通过施工模拟，可以增加项目参与各方对工程内容及完成工程保证措施的了解。施工过程的可视化，使 BIM 成为一个便于施工参与各方交流的沟通平台。通过这种可视化的模拟缩短了现场工作人员熟悉项目施工内容、方法的时间，减少了现场人员在工程施工初期犯错误的时间和成本，还可加快、加深对工程参与人员培训的速度及深度，真正做到质量、安全、进度、成本管理和控制的人人参与。

2.5.9 工作空间可视化

BIM 可以提供可视化的施工空间。BIM 的可视化是动态的，施工空间随着工程的进展会不断地变化，它将影响到工人的工作效率和施工安全。通过可视化模拟工作人员的施工状况，可以形象地看到施工工作面、施工机械位置等，并评估施工进展中这些工作空间的可用性、安全性。

2.5.10 材料费用控制

BIM 可以提供准确的施工预算，BIM 模型被誉为参数化的模型，因此在建模的同时，各类的构件就被赋予了尺寸、型号、材料等约束参数，BIM 是经过可视化设计环境反复验证和修改的成果，由此导出的材料设备数据有很高的可信度，应用 BIM 模型导出的数据可以直接应用到工程预算中，为造价控制、施工决算提供了有利的依据。以往施工决算的时候都是拿着图样在计算，有了模型以后，数据完全自动生成，提高了决算、预算的准确性。

2.5.11 施工组织控制

施工组织是对施工活动实行科学管理的重要手段，它决定了各阶段的施工准备工作内容，协调施工过程中各施工单位、各施工工种以及各项资源之间的相互关系。BIM 可以对施工的重点或难点部分进行可见性模拟，按网络时标进行施工方案的分析和优化。对一些重要的施工环节或采用施工工艺的关键部位、施工现场平面布置等施工指导措施进行模拟和分析，以提高计划的可执行性。利用 BIM 技术结合施工组织设计进行计算机预演，以提高复杂建筑体系的可施工性。借助 BIM 对施工组织的模拟，项目管理者能非常直观地理解间隔施工过程的时间节点和关键工序情况，并清晰地把握施工过程中的难点和要点，也可以进一步对施工方案进行优化完善，以提高施工效率和施工方案的安全性。

2.5.12 可视化图样输出

可视化模型输出的施工图样，分发给施工人员可作为可视化的工作操作说明或技术交底，用于指导现场施工，方便现场的施工管理人员进行施工指导和现场管理。

2.5.13 基于 BIM 施工管理目标

BIM 建筑信息模型的引入，将促进工程施工的标准化、预制化，从某种意义上讲就是为工程行业引入一条生产线，它可以减少一次性带来的风险和成本增加。通过基于 BIM 技术的虚拟施工，施工单位可以达到以下目标：创建、分析和优化施工进度；针对具体项目分析将要使用的施工方法的可行性；通过模拟可视化的施工过程，提早发现施工问题，消除施工隐患；形象化的交流工具，使项目参与者能更好地理解项目范围，提供形象的工作操作说明或技术交底；可以更加有效地管理设计变更；全新的试错、纠错概念和方法。

目前，BIM 不仅用于建筑工程，还推广至桥梁、隧道、风电、高速公路和设备安装等工程领域，如上海国际金融中心、昆明新机场设备安装、邢汾高速公路等工程项目。BIM 能提高施工企业总承包总集成能力，能合理控制工程成本，提高施工效率，实现绿色环保施工的理念，是施工企业信息化建设的有效途径。

2.5.14 建设工程质量管理

BIM 是建筑设计人员提高设计质量的有效手段。目前，建筑设计专业分工比较细致，一个建筑物的设计需要由建筑、结构、安装等各个专业的工程师协同完成。由于各个工程师对建筑物的理解有偏差，专业设计图样之间"打架"的现象很难避免。将 BIM 应用到建筑设计中，计算机将承担起各专业设计的"协调综合"工作，设计工作中的"错漏碰缺"问题可以得到有效控制。

BIM 是业主理解工程质量的有效手段。业主是工程高质量的最大受益者，也是工程质量的主要决策人。但是，受专业知识局限，业主同设计人员、监理人员、承包商之间的交流存在一定困难。当业主对工程质量要求不明确时，造成工程变更多，质量难以有效控制。BIM 为业主提供形象的 3D 设计，业主可以更明确地表达自己对工程质量的要求，如建筑物的色泽、材料、设备要求等，有利于各方开展质量控制工作。

BIM 是项目管理人员控制工程质量的有效手段。由于采用 BIM 设计的图样是数字化的，计算机可以在检索、判别、数据整理等方面发挥优势。无论监理工程师还是承包商的项目管理人员，都不必拿着厚厚的图样反复核对，只需要通过一些简单的功能就可以快速、准确地得到建筑物构件的特征信息，如钢筋的布置、设备预留孔洞的位置、构件尺寸等，在现场及时下达指令。而且，将建筑物从平面变为立体，是一个资源耗费的过程。无论建筑物已建成、已经开始建设或已经备料，发现问题后进行修改的成本都是巨大的。利用 BIM 模型和施工方案进行虚拟环境数据集成，对建设项目的可建设性进行仿真试验，可在事前发现质量问题。

2.5.15 建设工程进度管理

有时，我们将基于 BIM 的设计称为 4D 设计，增加的 1D 信息就是工程进度信息。从目前看，BIM 技术在工程进度管理上有三方面应用：首先，是可视化的工程进度安排。建设工程进度控制的核心技术，是网络计划技术。目前，该技术在我国利用效果并不理想。究其原因，可能与平面网络计划不够直观有关。在这一方面 BIM 有优势，通过与网络计划技术的集成，BIM 可以按月、周、天直观地显示工程进度计划。一方面便于工程管理人员进行不同施工方案的比较，选择符合进度要求的施工方案；另一方面也便于工程管理人员发现工程计划进度和实际进度的偏差，及时进行调整。其次，是对工程建设过程的模拟。工程建设是一个多工序搭接、多单位参与的过程。工程进度计划，是由各个子计划搭接而成的。传统的进度控制技术中，各子计划间的逻辑顺序需要人来确定，难免出现逻辑错误，造成进度拖延。而通过 BIM 技术，用计算机模拟工程建设过程，项目管理人员更容易发现在 2D 网络计划技术中难以发现的工序间逻辑错误，优化进度计划。第三，是对工程材料和设备供应过程的优化。当前，项目建设过程越来越复杂，参与单位越来越多，其中大部分参建单位都是同工程建设利益关系不十分紧密的设备、材料供应商。如何安排设备、材料供应计划，在保证工程建设进度需要的前提下，节约运输和仓储成本，正是"精益建设"的重要问题。BIM 为精益建设思想提供了技术手段。通过计算机的资源计算、资源优化和信息共享功能，可以达到节约采购成本，提高供应效率和保证工程进度的目的。

2.5.16 建设工程投资（成本）管理

BIM 比较成熟的应用领域是投资（成本）管理，也被称为 5D 技术。其实，在 CAD 平台上，我国的一些建设管理软件公司，如深圳斯维尔科技公司已经对这一技术进行了深入的研发。在 BIM 平台上，预计这一技术可以得到更大的发展空间。首先，BIM 使工程量计算变得更加容易。在用 CAD 绘制的设计图样中，用计算机自动统计和计算工程量必须履行这样一个程序：由预算人员告诉计算机它存储的那些线条的属性，如梁、板或柱，这种"3D算量技术"是半自动化的。在 BIM 平台上，设计图样的元素不再是线条，而是带有属性的构件。也就不再需要预算人员告诉计算机它存储的模型是什么东西了，"3D 算量"实现了自动化。其次，BIM 使投资（成本）控制更易于落实。对业主而言，投资控制的重点在设计阶段。目前，设计阶段技术经济指标的计算通常不准确，业主投资控制工作的好坏更多需要运气。运用 BIM 技术，业主可以便捷、准确地得到不同建设方案的投资估算或概算，比较不同方案的技术经济指标。而且，由于项目投资估算、概算比较准确，业主可以降低不可预见费比率，提高资金使用效率。同样，由于 BIM 可以较准确快捷地计算出建设工程量数据，承包商依此进行材料采购和人力资源安排，也可节约一定成本。BIM 有利于加快工程结算进程。在我国，工程实施期间进度款支付拖延，工程完工数年后没有进行结算，这样的例子并不鲜见。如果排除业主的资金因素，造成这些问题的一个重要原因在于工程变更多、结算数据存在争议等。BIM 技术有助于解决这些问题。一方面，BIM 有助于提高设计图样质量，减少施工阶段的工程变更；另一方面，如果业主和承包商达成协议，基于同一 BIM 模型进行工程结算，结算数据的争议会大幅度减少。

2.6 BIM 项目管理系统架构

首先，BIM 技术的出现，使项目管理工作重心更偏向管理了。BIM 使项目管理人员将一些机械的技术工作交由计算机来完成，将更多的精力放在管理问题上。如在进度控制环节，项目管理人员将着重分析进度偏差形成的原因、应采取的措施和如何预防进度偏差，而不会将大量时间用于编制进度计划和调整进度计划；在投资控制环节，项目管理人员将着重对工程建设技术经济指标进行分析和对工程单价进行分析，而不再将50%以上的时间用于工程量的计算。

其次，BIM与项目管理技术将共同发展。不可否认，BIM技术还不成熟，人们对它还需要较长的熟悉和适应过程。在我国，投资控制领域应用BIM技术的条件最为成熟，因为已有许多企业在2D基础上对建设项目工程量计算技术进行了深入的研发。进度控制技术，即BIM同网络计划技术的集成，由于实现路径比较清晰，也比较易于完成。而如何将BIM应用在那些与人的决策、协调相关的管理工作，仍需要进一步长时间的研究。

第三，BIM无法取代项目管理。当计算机技术出现时，人们曾畅想会出现机器人的世界，计算机会取代人的位置，甚至支配人。同样，BIM的出现，也为一些人提出了取代项目管理的理由。但是，我们必须认识到BIM只是一种工具，必须由项目管理人员来使用才能发挥效用。而且，BIM的出现，将只会增加而不会减少项目管理岗位的数量，将只会增加而不会减少项目管理工作的重要性。随着BIM技术的发展和4DBIM—GCPSU的不断深入应用，并根据现实的情况，实际工程项目管理对BIM应用提出了基于BIM的工程项目管理整体实施方案的要求。

2.6.1 基于 BIM 的工程项目管理整体实施方案

基于BIM的工程项目管理整体实施方案在BIM技术研究和4D施工管理系统应用的基础上，通过研发基于B/S架构的基于BIM的项目综合管理系统，实现与基于C/S架构的4D施工管理系统无缝集成，数据与BIM模型双向链接，提出了基于BIM的工程项目管理整体实施方案。主要通过建立清晰的业务逻辑和明确的数据交换关系，强调项目管理的协同效应，实现业务管理、实时控制和决策支持三个维度的综合项目管理。其业务管理涵盖主要项目管理业务，将管理数据与4D管理系统中的BIM模型双向链接，从而实现各项业务之间的关联和联动，并根据业务人员、管理人员和决策人员的不同需求量身定制相应的功能模块，为业务人员提供业务管理工具，为管理人员提供管理控制手段，为决策人员提供决策分析依据。

2.6.2 系统整体架构

整个系统由基于BIM的4D施工管理系统和项目综合管理系统两大部分组成，分别设置为C/S架构和B/S架构。两者通过系统接口无缝集成，建立管理数据与BIM模型双向链接，实现了基于BIM数据库的信息交换与共享。基于BIM的项目管理系统整体架构如图2-3所示。

2.6.3 系统主要功能

通过将项目综合管理系统与4D施工管理系统无缝集成，数据与BIM模型双向链接，建立清晰的业务逻辑和明确的数据交换关系，实现业务管理、实时控制和决策支持三方面的项目综合管理。为项目各参与方管理人员提供基于web浏览器的远程业务管理和控制手段。系统主要功能如下：

1）业务管理：为各职能部门业务人员提供项目的合同管理、进度管理、质量管理、安全管理、采购管理、支付管理、变更管理以及竣工管理等功能，业务管理数据与BIM的相关对象进行关联，实现各项业务之间的联动和控制，并可在4D管理系统进行可视化查询。

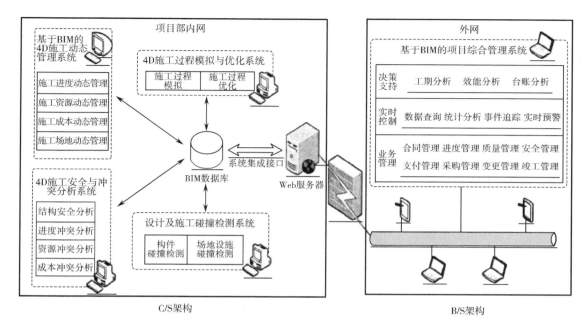

图 2-3　基于 BIM 的项目管理系统整体架构

2）实时控制：为项目管理人员提供实时数据查询、统计分析、事件追踪、实时预警等功能，可按照多种条件进行实时数据查询、统计分析并自动生成统计报表。通过设定事件流程，对施工过程中发生的安全、质量等事件进行跟踪，到达设定阈值将实时预警，并自动通过邮件和手机短信通知相关管理人员。

3）决策支持：提供工期分析、台账分析以及效能分析等功能，为决策人员的管理决策提供分析依据和支持。

2.6.4　系统应用流程

在建设项目管理实施过程中，应用主体方可以是业主、工程总承包部或施工项目部及其各职能管理部门，应用参与方包括设计方以及与应用主体相关的施工方、工程分包或施工分包方等。根据应用流程，各应用参与方的角色和任务是利用系统及相关功能，完成或辅助完成所承担施工及管理工作。基于 BIM 的建设项目管理系统应用流程如图 2-4 所示。

1）应用主体方：首先提供项目的技术资料、基本数据和系统运行所需要的软硬件及网络环境；协调各职能部门和相关参与方，根据工作需求安装软件系统、设置用户权限；各部门业务人员和管理、决策人员按照其工作任务、职责和权限，通过内网客户端或外网浏览器进入软件系统，完成日常管理和深化设计等工作。

2）应用参与方：通过外网浏览器进入项目综合管理系统，按照应用主体方的要求，填报施工进度、资源、质量、安全等实际工程数据，也可进行施工信息查询，辅助施工管理。

2.6.5　分布存储信息与 BIM 的关联及查询

根据基于 BIM 建设项目管理系统的整体架构，4D BIM—GCPSU 与综合项目管理系统及其相关信息分布在不同的服务器上。要建立分布存储的管理数据与 BIM 模型双向链接，实

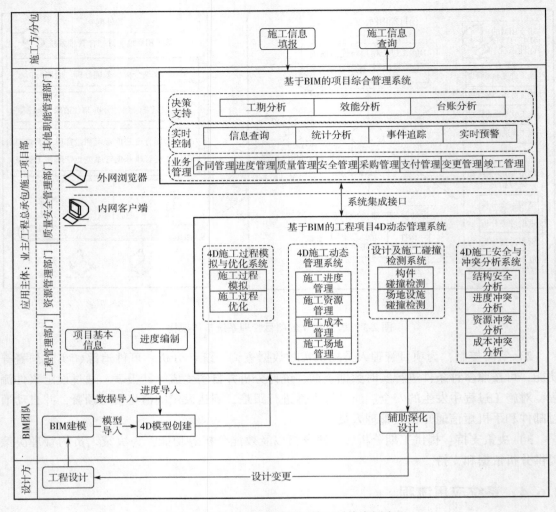

图 2-4　基于 BIM 的建设项目管理系统应用流程

现两个系统的无缝集成和基于 BIM 的信息交换与共享，需要解决的核心技术是分布存储信息与 BIM 实体构件的关联及查询。采用 web 服务技术构建综合项目管理系统，关键在于如何将分布存储在 web 服务器上的管理信息，与内网项目服务器中 BIM 数据库的信息相融合，并与相关 BIM 构件相关联，web 服务是一种面向服务的架构技术，能够解决不同平台，不同程序之间互操作。这些服务由一组应用程序接口组成，它们通过网络执行客户程序提交的服务请求。由于 BIM 模型中的每个构件（柱、墙、梁和板）都有一个工程内唯一的标识（ID），而与这个构件相关的信息都通过这个 ID 进行聚集和索引。信息的关联存储可以通过模型的 ID 来索引。在综合项目管理系统中，应用程序接口由五部分组成，如图 2-5 所示。

第一部分是数据传输协议，通常是 HTTP 或者 HTTPS，后者是经过加密的 HTTP 协议，第二部分是项目服务器的域名或者 IP 地址，第三部分是要访问的功能模块名称，第四部分是资源 ID，也就是每个 BIM 构件的 ID，

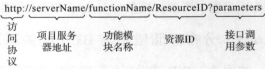

图 2-5　基于 web 服务的应用程序接口

第五部分是调用这个应用程序接口的一些参数，这些参数的个数和类型与相应的功能模块有关。

　　针对工程项目管理对 BIM 应用的实际需求，提出了一个新的 BIM 工程项目管理整体实施方案和系统架构，通过解决分布存储信息与 BIM 实体构件的关联机制及查询等关键技术，开发基于 Web 的项目综合管理系统，并将其与基于 BIM 的 4D 施工管理系统无缝集成，建立管理数据与 BIM 模型双向链接，实现了基于 BIM 和 Web 的工程项目管理。实际工程项目的成功应用验证了该实施方案和系统的可行性和有效性，对于实现基于 BIM 的多参与方协同工作，提高施工管理信息化水平和工作效率，取得了明显效果。系统充分体现了 BIM 的应用价值，为 BIM 在工程项目管理中的应用提供了新的技术方法和软件系统。

简 述 题

想要建立一个符合企业特点的 BIM 族库，应主要注意哪几个方面？

　　答：建立一个符合企业特点的 BIM 族库，应主要注意的方面有：

1）建立企业的标准样板，建立企业的标准样板。

2）考虑施工深化图出图的需要，要符合出图规范要求。

3）考虑模型的参数驱动需求，制订统一的参数标准。

4）考虑族文件的命名与分类，制订统一的命名与分类规则。

第 **3** 章 基于BIM的项目管理实施规划

导读：随着 BIM 技术的单业务应用、多业务集成应用案例逐渐增多，BIM 技术信息协同可有效解决项目管理中生产协同和数据协同这两个难题的特点，越来越成为使用者的共识。目前，BIM 技术已经不再是单独的技术应用，正在与项目管理紧密结合应用，包括文件管理、信息协同、设计管理、成本管理、进度管理、质量管理、安全管理等，越来越多的协同平台、项目管理集成应用在项目建设中体现，这已成为 BIM 技术应用的一个主要趋势。本章主要介绍基于 BIM 的项目管理的实施规划，从人员分工到实施流程都做了详细的介绍。

3.1 BIM 实施总体目标

针对 BIM 本身特点，并根据在公司管理过程中的需求，确定 BIM 辅助公司管理的服务目标，具体内容如图 3-1 所示。

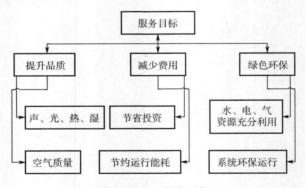

图 3-1 BIM 服务目标

3.2 BIM 组织机构

项目的项目级 BIM 团队由项目总工程师和集团 BIM 中心指派的 BIM 总监共同牵头，由集团 BIM 中心负责组织建筑、结构、机电、预算、现场、进度管理、系统维护 BIM 工程师各一名构成项目部 BIM 实施团队。团队与项目部各专业技术部门、生产、质量、预算、安全和专业分包单位形成专项对接关系，共同落实 BIM 应用与管理的相关工作，并在项目实施过程中贯彻"全员 BIM"的理念。除 BIM 团队外，项目管理人员、技术人员均要接受BIM 基础知识培训才能进行相应工作。BIM 组织机构如图 3-2 所示。

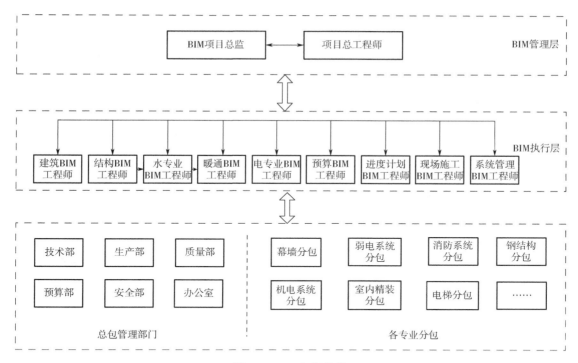

图 3-2　BIM 组织机构

公司应组建一支专业 BIM 工作团队，进行该系统日常工作的创建、执行与维护。工作团队分为设计管理组、进度管理组、协调管理组。

设计管理组负责从业主和设计单位接收最新版设计阶段的建筑模型、结构模型；及时发放给相关分包进行设计深化；督促分包及供应商在设计阶段模型的基础上建立各自施工阶段 BIM 模型；并进行各专业深化设计，对各专业施工阶段模型整合，进行冲突和碰撞检测，优化分包设计方案；及时收集各分包及供应商提供的施工阶段 BIM 模型和数据，按时提交业主与设计单位；负责设计修改的及时确认与更新。

进度管理组负责在施工阶段建筑、结构、机电 BIM 模型上，采用 Revit Navisworks 软件按预测工程进度和实际工程进度进行 4D 进度模型的建立，实时协调施工各方优化工序安排和施工进度控制。

协调管理组负责在 BIM 系统运行过程中的各方协调，包括业主方、设计方、监理方、分包方、供应方等多渠道和多方位的协调；建立网上文件管理协同平台，并进行日常维护和管理；定期进行系统操作培训与检查、软件版本升级与有效性检查。

3.3　BIM 人 员 分 工

1）BIM 系统团队成员有明确的分工与职责，并在合同签订后的 30 天内，提交业主审核及批准 BIM 组织架构表。

2）BIM 系统总监，建筑施工类专业本科毕业，具有 10 年以上施工和工程经验，并有

BIM 管理经验。

3）设计管理组建筑、结构、机电各专业管理人员若干名，必须是相关专业本科毕业，具有类似工程设计或施工经验。

4）进度管理组管理人员若干名，必须是相关专业本科毕业，具有类似工程施工经验。

5）除配备建筑、结构、机电系统专业人员外，再配备相关协调人员、系统维护管理员。

6）BIM 组织架构表经业主审核批准，团队人员立刻进场，最快速度投入系统的创建工作。

3.3.1 委托方团队

委托方团队组织和职责见表 3-1。

表 3-1 委托方团队组织及职责

团队角色	职务（建议）	姓名	电话	职责
项目领导小组：负责项目总体目标规划，核心工作审核、决策				
领导小组组长	总裁			负责监控项目整体进度，项目过程中核心工作的参与及审定，项目成果的检验
项目总监	总裁/总经理/主管副总裁			项目监督和组织落实，实施方案审核，协助项目协调人推进实施工作，并预防和解决项目风险
项目管理小组：负责项目实施组织、建设、具体执行落地				
项目经理	项目总经理			负责项目的执行和具体操作统筹、实施方案的制订，实施进度的把控，项目调研和实施
土建专业负责人	土建负责人			负责土建 BIM 模型的建立，专业技术协调管理，涉及 PDPS 土建部分服务内容的实施和沟通
钢筋专业负责人	钢筋负责人			负责钢筋专业技术协调管理，专业技术协调管理，涉及 PDPS 钢筋部分服务内容的实施和沟通
安装专业负责人	安装负责人			负责安装专业技术协调管理，专业技术协调管理，涉及 PDPS 安装部分服务内容的实施和沟通
现场 BIM 技术员	现场预算员			负责 BIM 模型维护、更新，数据提供

注：委托方项目团队组建注意事项

1）明确项目组成员的职责和工作内容，有利于项目的有效实施，避免发生不必要的推脱和扯皮。

2）个别团队角色可以考虑其他人员兼任。

3）根据项目情况，可以考虑增加团队角色，例如增设项目副总监、BIM 技术负责人等。

4）为保证项目顺利实施，可以对项目组成员设定相应"KPI"奖惩措施。

3.3.2 施工方项目管理团队

施工方项目管理团队主要负责：BIM 模型的创建、维护，确保设计和深化设计图清楚形象地展现在模型里，可以更好地发现图样问题并及时解决；可以表现出钢构件组装流程，各种施工工艺等，更好地优化施工方案和工作计划；进行模拟施工，进而优化工程施工进度计划。同时，定期组织对项目部管理人员的培训工作。项目管理团队整体有关 BIM 工作的职责见表 3-2。

表 3-2　项目管理团队 BIM 工作职责

主要岗位/部门	BIM 工作及责任	BIM 能力要求	培训频率
项目经理	监督、检查项目执行进展	基本应用	1 月/次
BIM 小组组长	制订 BIM 实施方案并监督、组织、跟踪	基本应用	1 月/次
项目副经理	制订 BIM 培训方案并负责内部培训考核、评审	基本应用	1 月/次
测量负责人	采集及复核测量数据，为每周 BIM 竣工模型提供准确数据基础；利用 BIM 模型导出测量数据，指导现场测量作业	熟练运用	2 周/次
技术管理部	利用 BIM 模型优化施工方案，编制 3D 技术交底	熟练运用	2 周/次
深化设计部	运用 BIM 技术展开各专业深化设计，进行碰撞检测并充分沟通、解决、记录；图样及变更管理	精通	1 周/次
BIM 工作室	预算及施工 BIM 模型建立、维护、共享、管理；各专业协调、配合；提交阶段竣工模型，与各方沟通；建立、维护、每周更新和传送问题解决记录（IRL）	精通	1 周/次
施工管理部	利用 BIM 模型优化资源配置组织	熟练运用	2 周/次
机电安装部	优化机电专业工序穿插及配合	熟练运用	2 周/次
商务合约管理部	确定预算 BIM 模型建立的标准。利用 BIM 模型对内、对外的商务管控及内部成本控制，三算对比	熟练运用	2 周/次
物资设备管理部	利用 BIM 模型生成清单，审批、上报准确的材料计划	熟练运用	2 周/次
安全环境管理部	通过 BIM 可视化展开安全教育、危险源识别及预防预控，制订针对性应急措施	基本运用	1 月/次
质量管理部	通过 BIM 进行质量技术交底，优化检验批划分、验收与交接计划	熟练运用	2 周/次

3.3.3　实施方 BIM 建模团队

在项目建设过程中需要有效地将各种专业人才的技术和经验进行整合，让他们各自的优势、长处、经验得到充分发挥以满足项目管理的需要，提高管理工作的成效。因此，有必要组建针对项目特点的 BIM 专业团队。

在 BIM 技术应用前期，初步成立项目级 BIM 团队及相应任务见表 3-3。

表 3-3　项目级 BIM 团队及相应任务

团队角色	适合人选	姓名	责任
项目总监	企业高层领导		监督、检查项目执行进展
项目副总监	企业高层领导		负责辅助项目总监对项目监督和组织落实，实施方案审核，相关工作总牵头
项目经理	公司负责现在项目领导		负责项目的管理、协调、统筹、审批、资源调配。负责项目部内部的培训组织、考核、评审
项目副经理	工程项目经理		负责辅助项目经理进行项目的执行、操作、协调、管理和具体线路的指导
土建专业负责人（技术/经济）需各 1 名	土建技术负责/土建预算员		负责提供并确认土建预算 BIM 模型、施工 BIM 模型建立、维护、共享、管理相关的施工图样（含电子版图样）、图样设计变更、签证单、技术核定单、工程联系单、施工方案、建模需求、土建工程资料等全部资料内容；负责审核、确认两套 BIM 模型及数据。配合 BIM 技术总负责确定项目进度和相关技术要求补充内容；负责土建专业各相关工作协调、配合

（续）

团队角色	适合人选	姓名	责任
钢筋专业负责人（技术/经济）需各1名	钢筋技术负责/钢筋翻样员		负责提供并确认钢筋BIM模型建立、维护、共享、管理相关的施工图样（含电子版图样）、图样设计变更、签证单、技术核定单、工程联系单、施工方案、建模需求等全部资料；负责审核、确认钢筋BIM模型及数据。配合项目副经理确定项目进度和相关技术要求补充内容；负责钢筋专业各相关工作协调、配合
安装专业负责人（技术/经济）需各1名	安装技术负责/安装预算员		负责提供并确认安装BIM模型建立、维护、共享、管理相关的施工图样（含电子版图样）、图样设计变更、签证单、技术核定单、工程联系单、施工方案、建模需求、安装工程资料等全部资料；负责审核、确认安装BIM模型及数据。配合BIM技术总负责确定项目进度和相关技术要求补充内容；负责安装专业各相关工作协调、配合
现场BIM技术员	现场核算员或相关协调人员		负责现场与实施方BIM小组进行工作对接；负责协助实施方进行BIM模型维护；负责确认实际施工进度并协助维护BIM模型时间维；配合实施方对现场人员进行培训和指导；协助收集现场应用情况以及反馈问题等

3.4　BIM 实施流程

3.4.1　BIM 模型常见应用点工作流程

工程项目 BIM 模型常见应用点的工作流程，如图 3-3 所示。

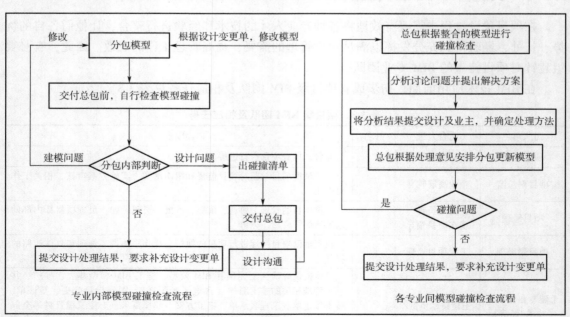

图 3-3　BIM 模型常见应用点工作流程

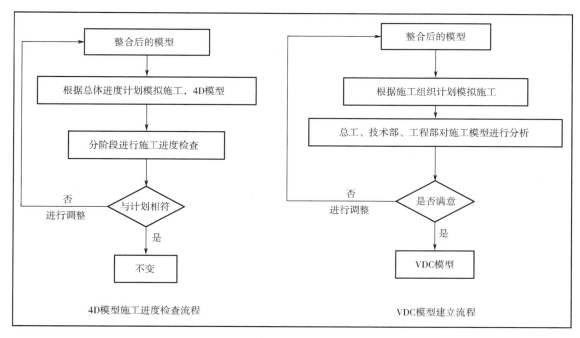

图3-3 BIM模型常见应用点工作流程（续）

3.4.2 BIM 辅助公司管理流程

BIM 技术在公司管理中的服务流程如图3-4 所示。

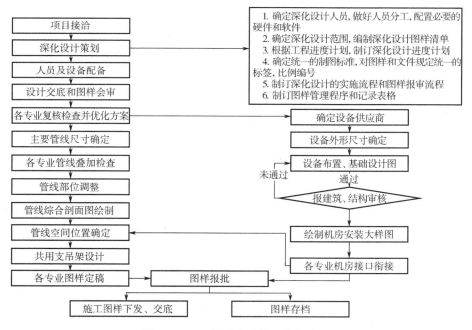

图3-4 BIM 辅助公司管理服务流程

项目启动/对接工作流程如图3-5 所示。

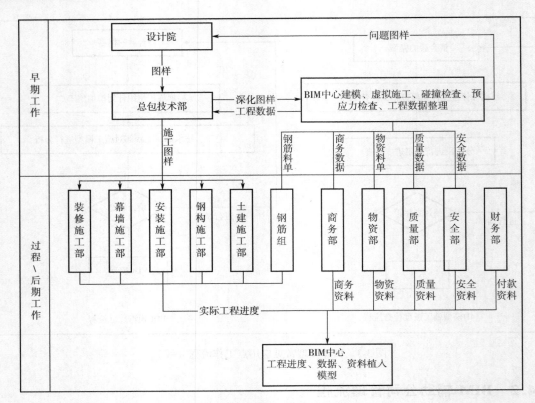

图 3-5　项目启动/对接工作流程

3.5　BIM 工作方针与思路

以某公司北京总部大楼项目为例，该项目属于超高层工程，项目复杂度高，各专业协同需求大。为了能更好地完成该项目的工程总承包工作，施工集团拟定通过集团 BIM 中心主导，项目部实际操作，将 BIM 技术引入该工程施工全过程，实现以 BIM 技术为基础的信息化手段对该项目的支撑。

施工集团 BIM 中心是在综合房地产开发、设计、总承包、专业分包、物业运维、加工制造等建筑全产业链、全生命周期各阶段 BIM 应用优势的基础上组建的。BIM 中心成立之初，便将 BIM 实施目标规划为"提升建筑整体建造水平、实现建筑全生命周期精细化动态管理、实现建筑生命周期各阶段参与方效益最大化"，并确立了以 BIM 技术解决技术问题为先导、通过 BIM 技术实现流程再造为核心，全面提升精细化管理，促进企业发展的战略思路。施工集团通过在大量项目中的 BIM 实施应用，已经将 BIM 应用贯穿于建筑的多个阶段。从基础建模、模型数据分析到深化设计、4D 施工模拟、方案论证和专业技术软件开发等多个领域都取得了显著的成果，获得多项知识产权，其中部分研究得到了政府专项资金扶持。施工集团将这些成果运用于该项目当中，提升该项目总包管理水平，实现风险预控。

在该项目实施过程中，施工集团 BIM 中心成立了专项的支撑团队对口支持项目部，并且选派具有丰富经验的专业 BIM 管理团队直接进驻项目，通过 BIM 技术综合工程基础数据，以最终用户的需求为标准，采用 BIM 进行基础建模、碰撞检测、专业深化、方案论证、施工进度模拟等多项具体应用，来加强对施工场地、施工工艺、施工进度、资源成本、施工质量等的管控，实现整个项目的参数化、可视化，有效控制风险，提高施工信息化水平和整体质量，并为最终运营维护提供服务。

施工集团为该工程 BIM 实施设定的总体方针为：以 BIM 技术应用为核心，通过 BIM 手段解决项目技术重点难点问题，实现 BIM 全方位应用，并在此过程中提供基于 BIM 的辅助管理，实现工程施工全过程风险控制。为实现此方针施工方的工作思路如下：

1）施工方为该项目创建并维护所有主要专业施工阶段的 BIM 模型，并集成各专业 BIM 数据同时进行优化，确保 BIM 模型与各方提供的施工图样文档一致。

2）施工方在深化设计、施工工艺、工程进度、场地管理、工程预算等方面充分使用 BIM 技术，在搭建全专业基础模型的基础上，根据施工需求，组织对机电、钢结构、幕墙等专业进行图样深化，在 3D 模型中展示施工难点和节点工艺，并与相关各方进行模型交底确认无误后，出具 2D 深化图样指导现场的施工。

3）施工方要与预算、物资等部门相关联，在模型中加入施工流水段、混凝土标号、厂家信息等项目参数后，从模型中提取相应的工程量进入到数据库，为相关的成本管控和分析工作提供技术支持。

4）施工方要结合现场施工进度计划，同时加入施工工艺、成本、现场管理等信息，以工程量报验作为贯穿主线，实现对工程的进度、成本、质量一体化、动态化、可视化管理。

5）施工方要在施工过程中不断更新、完善模型信息，确保竣工后的模型集成了各建筑设施、设备信息等，从而为后期的运营管理提供便捷服务。

6）施工方作为本工程 BIM 应用信息的收集与协调单位，收集并对该工程相关单位共享必要模型、动画等资料，实现信息实时交互和 3D 交付。

3.6　BIM 实施标准

BIM 是一种新兴的复杂建筑辅助技术，融入项目的各个阶段与层面。为了能有效地利用 BIM 技术，就必须在项目开始阶段建立规范的实施办法与标准，使参与各方都能在一个统一模型信息平台中工作。以某公司北京总部大楼项目为例，施工集团结合企业 BIM 标准和相关国内外 BIM 标准，制定该项目的专属项目级 BIM 实施标准。该标准将覆盖施工技术支撑、BIM 辅助管理、BIM 信息流转交付、BIM 实施技术等部分内容，全面指导该项目 BIM 工作的开展。

3.6.1　该项目 BIM 标准依据

1）《建筑工程信息模型应用统一标准》征求意见稿。

2）《建筑工程设计信息模型交付标准》。

3）《建筑工程设计信息模型分类和编码标准》。

4）《建筑工程信息模型存储标准》。

5）《民用建筑信息模型设计标准（DB 11/1063—2014）》，北京地方标准。

6）《中国建筑信息化技术发展战略研究》。

7）《中国建筑信息模型标准框架研究（CBIMS）》。

8）中国香港房屋署 BIM 标准（3）《建筑信息模拟标准手册》。

9）《BIM 项目实施计划指南》。

10）美国 BIM 标准：《NBIMS-US 实施标准第二版》。

11）澳大利亚 BIM 标准《National Guidelines for Digital Modeling》。

12）AEC（UK）BIM 标准。

13）《工业自动化系统与集成产品数据表达与交换》（GB/T 16656）。

14）IFC2X（Industry Foundation Classes），IAI。

15）韩国公共采购局 BIM 指南。

施工集团根据美国 NBIMS 标准、新加坡 BIM 指南、英国 Autodesk BIM 设计标准、我国 CBIMS 标准（草稿），结合该集团 BIM 实践应用经验，形成了集团企业级 BIM 标准。该标准规范了模型建立、信息交底、模型指导施工、总包分包 BIM 管理、3D 交付等施工过程 BIM 应用的各方面内容（图 3-6 ~ 图 3-8）。施工集团以该标准为基础结合某公司北京总部大楼工程的实际特点为该项目建立了项目级 BIM 实施标准。

图 3-6　BIM 模型标准

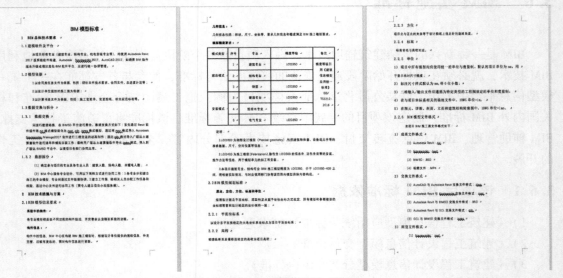

图 3-7　《Revit 模型交底》标准

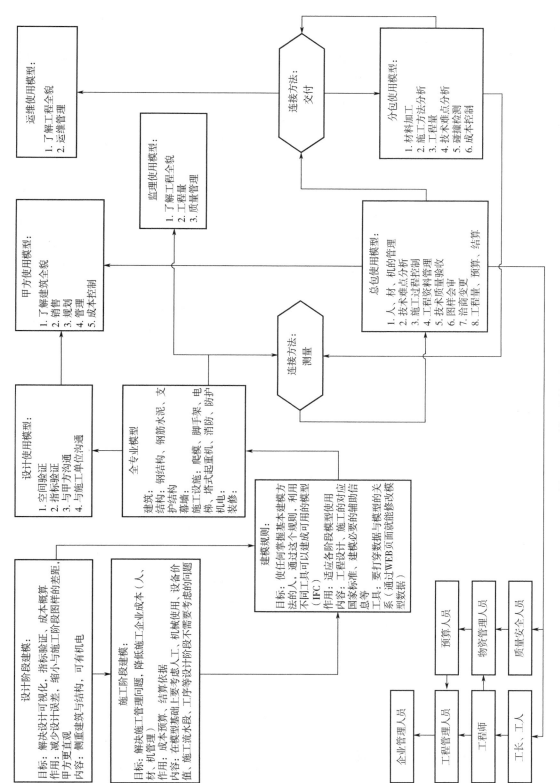

图3-8 BIM模型的使用标准

3.6.2　该项目 BIM 实施标准

BIM 实施的核心是基于模型及其相关信息进行的，但是由于现在国内还没有相关的 BIM 标准，导致各 BIM 实施单位在模型精度、信息传递接口以及附带信息参数上都不尽相同，必然会对工程的 BIM 实施造成一定困扰。结合以往施工集团 BIM 在工程中实施实践，以施工集团企业标准为基础，根据该项目超高层塔楼的工程特点，量身定制出一套适用于该项目的超高层 BIM 实施的项目级 BIM 实施标准，使得该项目 BIM 实施成果达到业内同类型超高层工程 BIM 实施的领先水平。

其中重点部分为：在该项目的项目级 BIM 标准中，施工方依据该集团已经完成的《企业 BIM 模型标准》和《Revit 模型交底》，设计院提供的图样、版本号，模型参数内容，制订《模型计划》。总承包方与专业分包以书面形式签署《BIM 模型协议》和《模型应用协议》，或委托 BIM 团队依据一线提供的资料，建立全专业模型，进行深化设计，维护等工作。由施工总承包负责管理模型的更新和使用，指导专业分包现场施工。同时明确项目不同阶段分别由谁、建立什么模型、谁负责模型更新和维护、谁使用模型、模型的内容包括哪些构件和参数、模型导出何种数据、格式等内容。项目级 BIM 实施标准如图 3-9 所示。

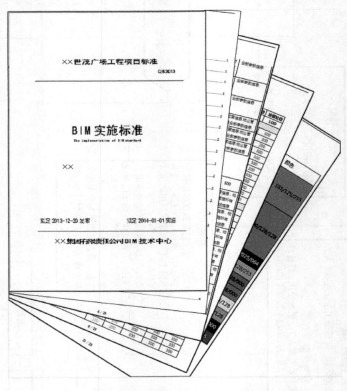

图 3-9　项目级 BIM 实施标准

3.6.3　BIM 建模要求及建议

1. 具体要求

1）模型建立标准。大型项目模型的建立涉及专业多、楼层多、构件多，BIM 模型的建立一般是分层、分区、分专业进行，这就要求 BIM 团队在建立模型时应遵从一定的建模规则，以保证每个部分的模型在合并之后的融合度，避免出现模型质量、深度等参差不齐的现象。

2）模型命名规则。大型项目模型分块建立，建模过程中随着模型深度的加深、设计变更的增多，BIM 模型文件数量成倍增长。为区分不同项目、不同专业、不同时间创建的模型文件，缩短寻找目标模型的时间，建模过程中应统一使用一个命名规则。

3）模型深度控制。在建筑设计、施工的各个阶段，所需要的 BIM 模型的深度不同，如：建筑方案设计阶段仅需要了解建筑的外观、整体布局，而施工工程量统计则需要了解每一个构件的长度、尺寸、材料、价格等。这就需要根据工程需要，针对不同项目、项目实施的不同阶段建立对应标准的 BIM 模型。

4）模型质量控制。BIM 模型的用处大体体现在以下两个方面：可视化展示及指导施工，不论哪个方面，都需要对 BIM 模型进行严格的质量控制，才能充分发挥其优势，真正用于指导施工。

5）模型准确度控制。BIM 模型是利用计算机技术实现对建筑的可视化展示，需保持与实际建筑的高度一致性，才能运用到后期的结构分析、施工控制及运维管理中。

6）模型完整度控制。BIM 模型的完整度包含两部分，一是模型本身的完整度，二是模型信息的完整度。模型本身的完整度应包括建筑的各楼层、各专业以及各构件的完整展示。信息的完整度包含工程施工所需的全部信息，各构件信息都为后期工作提供有力依据。如：钢筋信息的添加给后期 2D 施工图中平法标注自动生成提供属性信息。

7）模型文件大小控制。BIM 软件因包含大量信息，占用内存大，建模过程中控制模型文件的大小，避免对计算机的损耗及建模时间的浪费。

8）模型整合标准。对各专业、各区域的模型进行整合时，应保证每个子模型的准确性，并保证各子模型的原点一致。

9）模型交付规则。模型的交付完成建筑信息的传递，交付过程应注意交付文件的整理，保持建筑信息传递的完整性。

2. 具体建议

1）BIM 移动终端可视化解决方案。

①基于笔记本计算机。

②基于移动平台。

③基于网络。

2）BIM 实施手册制订。在创建 BIM 模型前，制订相应的 BIM 实施手册，对 BIM 模型的建立及应用进行规划，实施手册主要内容包括：

①明确 BIM 建模专业。

②明确各专业部门负责人。

③明确 BIM 团队任务分配。

④明确 BIM 团队工作计划。

⑤制订 BIM 模型建立标准。

3）模型命名规则。制订相应模型的命名规则，方便文件筛选与整理。

4）管线避让原则。利用碰撞检查功能检查出碰撞的管线后，应遵循管线避让原则对碰撞点的管线进行调整。管线避让原则如下：

①有压管避让无压管。

②小管线避让大管线。

③施工简单管避让施工复杂管。

④冷水管道避让热水管道。

⑤附件少的管道避让附件多的管道。

⑥临时管道避让永久管道。

5）模型深度控制。BIM 制图需按照美国建筑师学会（AIA-American Institute of Architects）制定的模型详细等级（LOD-Level of Detail）来控制 BIM 模型中的建筑元素的精度。

模型准确度的校检遵从以下步骤：

①建模人员自检，检查的方法是结合结构常识与 2D 图样进行对照调整。

②专业负责人审查。

③合模人员自检，主要检查各子模型的缝接是否准确。

④项目负责人审查。

6）模型完整度控制。应保证 BIM 模型本身的完整度及相关信息的完整度，尤其注意保证关键及复杂部位的模型完整度。BIM 模型本身应精确到螺栓的等级，如对机电构件而言，检查阀门、管件是否完备；对发电机组而言，检查油箱、油泵和油管是否完备。BIM 模型信息的完整体现在构件参数的添加上，如对柱构件而言，检查材料、截面尺寸、长度、配筋、保护层厚度信息是否完整等。

7）模型文件大小控制。英制 BIM 规范要求 BIM 模型超过 200MB 必须拆分为若干个文件，以减轻计算机负荷及软件崩溃概率。控制模型文件大小在规定范围内的方法如下：

①分区、分专业建模，最后合模。

②Revit 族文件建立时，建模人员对相互构件间关系应条理清晰，减少不必要的嵌套。

③图层尽量符合前期 CAD 制图命名的习惯，避免垃圾图层的出现。

8）模型整合标准。模型整合前期应确保子模型的准确性，这需要项目负责人员根据 BIM 建模标准对子模型进行审核，并在整合前进行无用构件、图层的删除整理，注意保持各子模型在合模时原点及坐标系的一致性。

9）模型交付规则。

①BIM 模型建成后在进一步移交给施工方或业主方时，应遵从规定的交付准则。

②模型的交付应按相关专业、区域的划分创建相应名称的文件夹，并链接相关文件。

③交付 Word 版模型详细说明。

3.6.4　BIM 建模标准及规则

1. 工作集拆分原则

根据硬件配置，可能需要对模型进行进一步拆分，以确保运行性能（一个基本原则是，对于大于 50MB 的文件都应进行检查，考虑是否可能进行进一步拆分。理论上，文件的大小不应超过 200MB）。

2. 工作集划分的大致标准

1）按照专业划分。

2）按照楼层划分。

3）按照项目的建造阶段划分。

4）按照材料类型划分。

5）按照构件类别与系统划分。

注：上述划分标准仅是一些建议，不同项目应考虑项目的具体状况和人员状况后进行划分，由于每个项目需求不同，在一个项目中的工作集划分标准在另一个项目中不见得一定有用。尽量避免把工作集想象成传统的图层或者图层标准，划分标准并非一成不变。

3. 各专业项目中心文件命名标准

1）建筑文件名称：项目名称-栋号-建筑。

2）结构文件名称：项目名称-栋号-结构。

3）管线综合文件名称：项目名称-栋号-电气。

项目名称-栋号-给水排水。

项目名称-栋号-暖通。

4. 项目划分

1）建筑、结构专业：按楼层划分工作集，例如，B01、B05 等。

2）机电专业：按照系统和功能等划分工作集，例如，送风、空调热水回水等。

5. 项目视图命名

1）建筑、结构专业。

平面视图：楼层-标高，例如：B01 （-3.500） 等。

平面详图：楼层-内容，例如：B01-卫生间详图等。

剖面视图：内容，例如：A-A 剖面、集水坑剖面等。

墙身详图：内容，例如：XX 墙身详图等。

2）管线综合专业。根据专业系统，建立不同的子规程，例如：通风、空调、给水排水、消防、电气等。每个系统的平面、详图、剖面视图，放置在其子规程中，且命名按照如下规则：

平面视图：楼层-专业系统/系统，例如：B01-给水排水、B01-照明等。

平面详图：楼层-内容-系统，例如：B01-卫生间-通风排烟等。

剖面视图：内容，例如：A-A 剖面、集水坑剖面等。

6. 详细构件文件命名

1）建筑专业。

建筑柱：层名＋外形＋尺寸，例如：B01-矩形柱-300×300。

建筑墙及幕墙：层名＋内容＋尺寸，例如：B01-外墙-250。

建筑楼板或顶棚：层名＋内容＋尺寸，例如：B01-复合顶棚-150。

建筑屋顶：内容，例如：复合屋顶。

建筑楼梯：编号＋专业＋内容，例如：3#-建筑-楼梯。

门窗族：层名＋内容＋型号，例如：B01-防火门-GF2027A。

2）结构专业。

结构基础：层名＋内容＋尺寸，例如：B05-基础筏板-800。

结构梁：层名＋型号＋尺寸，例如：B01-CL68 （2）-500×700。

结构柱：层名＋型号＋尺寸，例如：B01-B-KZ-1-300×300。

结构墙：层名＋尺寸，例如：B01-结构墙200。

结构楼板：层名＋尺寸，例如：B01-结构板200。

3）机电专业。

管道：层名＋系统简称，例如：B01-J3。

穿楼层的立管：系统简称，例如：J3L。

埋地管道：层名＋系统简称＋埋地，例如：B01-J3-埋地。

风管：层名＋系统名称，例如：B01-送风。

穿楼层的立管：系统名称，例如：送风。

线管：层名＋系统名称，例如：B01-弱电线槽。

电气桥架：层名＋系统名称，例如：B03-弱电桥架。

设备：层名＋系统名称＋编号，例如：B01-紫外线消毒器-SZX-4。

7. 工作集划分、系统命名及颜色显示

1）通风系统。通风系统的工作集划分、系统命名及颜色显示详见附表1。

2）电气系统。电气系统的工作集划分、系统命名及颜色显示详见附表2。

3）给水排水系统。给水排水系统的工作集划分、系统命名及颜色显示详见附表3。

4）空调水系统。空调水系统的工作集划分、系统命名及颜色显示详见附表4。

8. BIM 模型 LOD 标准

1）建筑专业。建筑专业 BIM 模型 LOD 标准详见附表5。

2）结构专业（混凝土）。结构专业 BIM 模型 LOD 标准详见附表6。

3）地基基础。地基基础专业 BIM 模型 LOD 标准详见附表7。

4）给水排水专业。给水排水专业 BIM 模型 LOD 标准详见附表8。

5）暖通专业。暖通专业 BIM 模型 LOD 标准详见附表9。

6）电气专业。电气专业 BIM 模型 LOD 标准详见附表10。

7）BIM 建模详细等级建议。BIM 建模详细等级建议详见附表11。

3.6.5 对 BIM 模型审查、设计查错及优化的要求

1. 建筑专业

1）已完成的建筑施工图（含地下室）全面核对。

2）消防防火分区的复核与确认（按批准的消防审图意见梳理，包括：防火防烟分区的划分，垂直和水平安全疏散通道、安全出口等）。

3）防火卷帘、疏散通道、安全出口距离（如防火门位置、开启方向、净宽）及建筑消防设施（如消火栓埋墙位置、喷淋头、报警器、防排烟设施等）。

4）扶梯（含观光电梯平台外观及交叉处净高）、电梯门洞的净高、基坑及顶层机房（有无）、楼梯梁下净高等。

5）各种变形缝（含主楼与裙楼、抗震与沉降缝等）位置的审核。

6）专业间可能发生的各种碰撞校审（如室内与室外、建筑与结构和机电的标高等），重点是消防疏散楼梯、疏散转换口的复核。

7）室内砌墙图、橱窗及其他隔断布置图样的复核。

8）所有已发生和待发生的建筑变更图样的复核。

9）规范及审图要求，如：商业防火玻璃的使用部位；消防门的宽度及材料与内装设计要求是否一致，是否满足消防要求；内外装饰的消防建审等审图工作的 BIM 模型配合。

2. 结构专业

1）屋顶及后置钢结构计算书的审核。天窗等二次钢结构图样、滑移天窗结构图样、天窗侧面钢结构及幕墙结构图样审核。

2）梁、板、柱（标高、点位）图样审核；结构缝的处理方式（缝宽优化）。

3）室内及室外未封闭部位复核与整合。

4）基坑部位等二次钢结构复核。

5）电梯井道架结构复核。

6）室内 LED 屏幕连接（与钢结构或二次结构）复核。

7）室内外挂件、雕塑结构位置的复核。

8）幕墙结构与室内入口门厅位置结构的复核。

9）结构变更图样的复核。

10）现场已完成施工的结构条件与机电、内装碰撞点整合。

3. 设备专业

1）管线标高原则：风管、线槽、有压和无压管道均按管底标高表示，小管避让大管，有压避让无压，低压管道避让高压管道，考虑检修空间；冷水管道避让热水管道，考虑保温后管道外径变化情况；附件少的管道避让附件多的管道。

2）审核吊顶标高：整合建筑设计单位及装饰单位图样。

3）审核走廊、中庭等净高度、宽度、梁高：审查结构和机电图样给定的条件。

4）确定管道保温厚度、管道附件设置：审查机电管线综合图样。

5）审定管道穿墙、穿梁预留孔洞位置标高：审查结构和机电专业图样碰撞点。

6）公共部位暖通风管的走向、标高及设备位置的复核；公共部位消防排烟风管的走向、标高及设备位置的复核；通风口、排风口的位置是否正确，风口的大小是否符合要求（提出要求，满足效果要求下修正尺寸）。

7）室内 LED 屏大小、尺寸、重量、安装维护方式。

8）雨污水、煤气、自来水管道位置。

9）涉及内装楼层的监控、探头等装置。

10）消防喷淋、立管、消防箱位置的复核；挡烟垂壁、防火卷帘位置的复核。

11）综合管线排布审核；强电桥架线路图样的复核；弱电桥架、系统点位的复核。

4. 总体要求

大型公建的 BIM 设计空间关系复杂，内外装要求高，机电的管线综合布置系统多、智能化程度高、各工种专业性强、功能齐全（如何使各系统的使用功能效果达到最佳，整体排布更美观是工程机电深化设计的重点，也是难点）。加上建筑设计一般分批出图，过程中难免不断修改、调整方案，针对设计存在的问题，迅速对接、核对、相互补位、提醒、反馈信息和整合到位（各负其责），通过各专业工程师与设计公司的分工合作优化和深化设计，从制作专业精准模型—综合链接模型—碰撞检测—分析和修改碰撞点—数据集成—最终完成内装的 BIM 模型（虚拟结合完成的真实空间，动态观察，综合业态要求，推敲空间结构和装饰效果），指导施工图深化设计和采购招标投标以及现场施工。

3.6.6 业主方对 BIM 成果（施工阶段）交付要求

1）尽量采用 Autodesk Revit 软件创建信息模型。

2）尽量采用 Autodesk Navisworks 软件实时漫游并探索复杂的 3D 模型以及其中包含的所有项目信息。

3）模型和构件尺寸形状及位置应准确无误，避免重叠构件。

4）制订统一的模型文件、构件、空间、区域的命名规范，标高准则，对象分组原则，不得杂乱无序。

5）所有构件均有明确详细的几何信息以及非几何信息，数据信息完整规范，减少累赘。

6）所有的机电设备和办公家具有简要模型，由 BIM 公司制作。

7）BIM 模型生成详细的工程量清单表，汇总梳理后与造价咨询公司采用广联达软件做的清单对照检查，出结论报告。

8）主要功能房、设备房及外立面有渲染图片，室外及室内各个楼层均有漫游动画。

9）提交有价值的碰撞检测报告，含有硬碰撞和间隙碰撞。

10）搭建 BIM 施工模型，含塔式起重机、脚手架、升降机、临时设施、围墙、出入口等，每月更新施工进度，提交重点难点部位的施工建议、作业流程。

11）提供 iPad 平板电脑随时随地对照检查施工现场是否符合 BIM 模型，便于甲方、监理的现场管理。

12）提供 BIM 模型分析报告、建筑性能及环境分析（采光、通风、能耗、人流等）。

13）由 BIM 模型生成若干个平面、立面、剖面图样及表格，特别是构件复杂、管线繁多部位应出具详图，且应该符合《建筑工程设计文件编制深度规定》。

14）项目的 BIM 信息模型所有知识产权归业主所有，交付物为纸质表格、图样及电子光盘，加盖公章。

3.7 该项目 BIM 技术实现方案

3.7.1 软件配置计划

该项目 BIM 工作覆盖面大，应用点多，因此任何单一的软件工具都无法进行支撑。根据实施经验，施工方拟定采用 Revit 作为该项目的主要模型工具，自主开发的 BIM 协同平台作为管理依托。软件构成如图 3-10 所示。

为了保证数据的可靠性，该项目中所使用的 BIM 软件均为正版，且甲方可在工程结束后继续使用，以保证 BIM 数

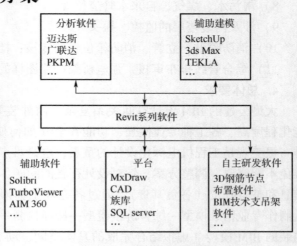

图 3-10 软件系统示意图

据的统一、安全和可延续性。同时自主研发多款指导施工的实用性软件，如：3D 钢筋节点布置软件，其具有自动生成 3D 形体，自动避让钢骨柱翼缘、自动干涉检查、自动生成碰撞报告等多项功能；BIM 技术支吊架软件，其具有完善的产品族库、专业化的管道受力计算、便捷的预留孔洞等多项功能模块。在工作协同、综合管理方面，施工方通过自主研发的施工总包 BIM 协同平台，来满足工程建设各阶段需求。根据该工程特点，制订了 BIM 软件应用计划，见表3-4。

表 3-4   BIM 软件应用计划

序号	实施内容	应用工具
1	全专业模型的建立	Revit 系列软件、Bentley 系列软件、AichiCAD Digital Project、Xsteel
2	模型的整理及数据的应用	Revit 系列软件、PKPM、ETABS、ROBOT
3	碰撞检测	Revit Architecture、Revit Structure Revit MEP、Navisworks Manage
4	管综优化设计	Revit Architecture、Revit Structure Revit MEP、Navisworks Manage
5	4D 施工模拟	Navisworks Manage、Project Wise Navigator Visual Simulation、Synchro
6	各阶段施工现场平面布置	SketchUp
7	钢骨柱节点深化	Revit Structure、钢筋放样软件 PKPM、Tekla Structures
8	协同、远程监控系统	自主开发软件
9	模架验证	Revit 系列软件
10	挖土、回填土算量	Civil 3D
11	虚拟可视空间验证	Navisworks Manage 3ds Max
12	能耗分析	Revit 系列软件、MIDAS
13	物资管理	自主开发软件
14	协同平台	自主开发软件
15	三维模型交付及维护	自主开发软件

3.7.2   硬件配置计划

BIM 模型带有庞大的信息数据，因此，在 BIM 实施的硬件配置上施工方也有着严格的要求，并在结合项目需求以及节约成本的基础上，根据不同的用途和方向，对硬件配置进行分级设置，即最大程度保证硬件设备在 BIM 实施过程中的正常运转，最大限度地有效控制成本。

在项目 BIM 实施过程中，施工方根据工程实际情况搭建 Revit Server 系统，方便现场管理人员和 BIM 中心团队进行模型的共享和信息传递。通过在项目部和 BIM 中心各搭建服务器，以 BIM 中心的服务器作为主服务器，通过广域网将两台服务器进行互联，然后分别给项目部和 BIM 中心建立模型的计算机进行授权，就可以随时将自己修改的模型上传到服务器上，实现模型的异地共享，确保模型的实时更新。

1）该项目投入服务器 7 台：

项目部——数据库服务器、文件管理服务器、WEB 服务器、BIM 中心文件服务器、数据网关服务器。

集团 BIM 中心——关口服务器、Revit Server 服务器。

2）NAS 存储 3 台：

项目部——10TB NAS 2 台。

集团 BIM 中心——10TB NAS 1 台。

3）UPS：6kVA 1 台。

4）图形工作站：15 台。

系统拓扑结构如图 3-11 所示。

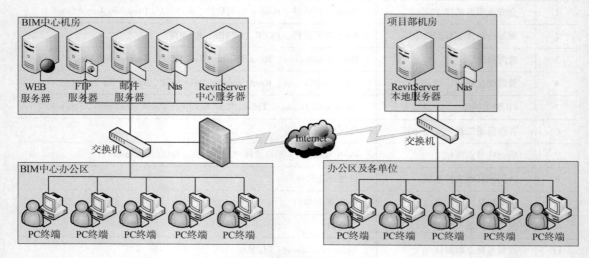

图 3-11　系统拓扑结构示意图

3.7.3　应用计划

为了充分配合该工程，施工集团根据该工程施工进度设计了 BIM 应用方案。主要节点为：

1）投标阶段初步完成基础模型建立，应用规划，管理规划。

2）中标进场前初步制订该项目 BIM 实施导则、交底方案，完成项目 BIM 标准大纲。

3）人员进场前针对性进行 BIM 技能培训，实现专业管理人员掌握 BIM 技能。

4）确保各施工节点前 1 个月完成专项 BIM 模型，并初步完成方案会审。

5）各专业分包投标前 1 个月完成分包所负责部分模型工作，用于工程量分析，招标准备。

6）各专项工作结束后 1 个月完成竣工模型以及相应信息的 3D 交付。

7）工程整体竣工后针对物业进行 3D 数据交付。

详细节点如图 3-12 所示。

模型作为 BIM 实施的数据基础，为了确保 BIM 实施能够顺利进行，施工方要根据应用节点计划合理安排建模计划，并将时间节点、模型需求、模型精度、责任人、应用方向等细节进行明确要求，确保能够在规定时间内提供 BIM 应用的模型基础。

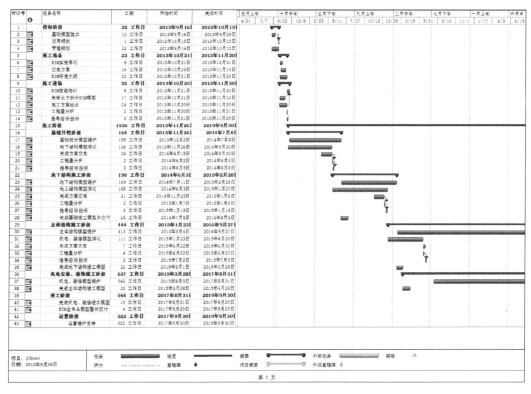

图 3-12　详细节点计划图

BIM 建模计划见表 3-5。

表 3-5　BIM 建模计划

时间节点	模型需求	模型精度	负责人	应用方向	施工工期阶段
投标阶段	基础模型	LOD300	总包 BIM	模型展示、4D 模拟	
施工准备	场地模型	LOD300	总包 BIM	电子沙盘、场地空间管理	施工准备阶段
	全专业模型		总包 BIM	工程量统计、图样会审、分包招标	
	土方开挖模型		总包 BIM	土方开挖方案模拟、论证，土方量计算	
基础施工阶段	模型维护	LOD300	总包 BIM	根据新版图样和变更洽商，进行模型维护	地下结构施工阶段
	模型数据分析		总包 BIM	4D 施工模拟、成本分析、分包招标	
主体施工阶段	精细化模型	LOD500	总包 BIM	精细化模型，加入项目参数等相关信息	低区（1～36层）结构施工阶段，高区（36层以上）结构施工阶段
	深化设计		总包 BIM、分包	完成节点深化模型（钢构及管线综合等）	
	技术交底		总包 BIM、分包	结构洞口预留预埋	
	方案论证		总包 BIM、分包	重点方案模拟	
	方案模拟		总包 BIM、分包	大型构件吊装模拟、定位	

（续）

时间节点	模型需求	模型精度	负责人	应用方向	施工工期阶段
装修阶段	精细化模型	LOD500	总包 BIM	样板间制作	装饰装修机电安装施工阶段
	施工工艺			墙顶地布置	
	质量管控			幕墙全过程控制	
	成品保护		总包 BIM	模型中进行责任面划分	
运营维护	模型交付	LOD500	总包 BIM、分包	模型交付	系统联动调试、试运行
	竣工验收		总包 BIM、分包	竣工图样汇总	竣工验收备案

3.7.4　BIM 实施依据

在 BIM 实施过程中，为了保证各参与方能够高效地进行沟通协作，施工方应在建模范围、命名原则、颜色管理、交底方式、协同方法、模型检查等进行明确的规定，做到需求明确、责任到人，来保证模型的统一性和准确性。并通过模型检查和维护机制，确保模型的精准度和可靠性。使得工程具体实施过程中，整个建模执行过程可控。

1. 建模范围制订

在每次建模任务执行前，制订模型交底单和模型建立范围清单，明确建模依据的图样版本、系统划分、构件要求、添加参数范围、明细表要求等，对模型的建立指令要求进行有效传达。

Revit 模型建立范围、模型数据明细及模型交底内容见表 3-6 ~ 表 3-8。

表 3-6　Revit 模型建立范围清单

序号	专业模型	构件系统	模型构件名称	模型包含信息	备注
01	结构				
02	建筑				
03	暖通				
04	给水排水				
05	电气专业				
06	机房大样				

Revit 模型范围描述：

填表说明：

1. 模型中需要表示出的单个构件，如：门、窗、梁、板、柱、风管、弯头等。

2. 模型信息是指每个构件所带有的参数，如：材质、标高、规格、专业、系统等参数。

3. 其他：楼梯、玻璃幕墙、停车位等内容。

表 3-7　模型数据明细表

序号	明细表名称	明细表包含内容	交付格式	备注
01				
02				

填表说明：

明细表包含内容为材质、标高、楼层、工程量（要求写明工程量单位）、系统名称、规格尺寸等。

表 3-8　Revit 模型交底单

工程名称：

委托单位：

建模单位：

序号	单位	参会人员

Revit 模型配套 CAD 图

序号	CAD 专业	图样名称	提供人	图样路径	存档日期	备注
01	结构					
02	建筑					
03	暖通					
04	给水排水					
05	电气					
06	其他					

2. 命名原则

在项目标准中，对模型、视图、构件等的具体命名方式制订相应的规则，实现模型建立和管理的规范化，方便各专业模型间的调用和对接，并为后期的工程量统计提供依据和便利。模型命名原则如图 3-13 所示。

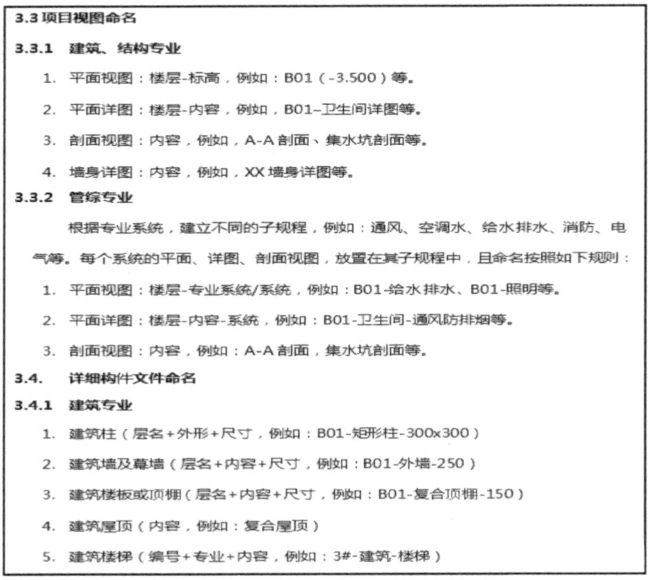

3.3 项目视图命名

3.3.1　建筑、结构专业

1. 平面视图：楼层-标高，例如：B01（-3.500）等。
2. 平面详图：楼层-内容，例如，B01–卫生间详图等。
3. 剖面视图：内容，例如，A-A 剖面、集水坑剖面等。
4. 墙身详图：内容，例如，XX 墙身详图等。

3.3.2　管综专业

根据专业系统，建立不同的子规程，例如：通风、空调水、给水排水、消防、电气等。每个系统的平面、详图、剖面视图，放置在其子规程中，且命名按照如下规则：

1. 平面视图：楼层-专业系统/系统，例如：B01-给水排水、B01-照明等。
2. 平面详图：楼层-内容-系统，例如：B01-卫生间-通风防排烟等。
3. 剖面视图：内容，例如：A-A 剖面，集水坑剖面等。

3.4.　详细构件文件命名

3.4.1　建筑专业

1. 建筑柱（层名+外形+尺寸，例如：B01-矩形柱-300x300）
2. 建筑墙及幕墙（层名+内容+尺寸，例如：B01-外墙-250）
3. 建筑楼板或顶棚（层名+内容+尺寸，例如：B01-复合顶棚-150）
4. 建筑屋顶（内容，例如：复合屋顶）
5. 建筑楼梯（编号+专业+内容，例如：3#-建筑-楼梯）

图 3-13　模型命名原则

3. 系统划分及颜色管理

为了保证建模工作的有效协同和后期的数据分析，施工方对各专业的工作集划分、系统命名进行规范化管理，并将不同的管道分别赋予不同的颜色进行区分，方便后期模型的深化调整工作。系统颜色划分原则见表3-9。

表 3-9 模型系统划分及颜色管理规定

序号	系统名称	工作集名称	颜色
1	市政给水管	市政加压给水管	绿色 RGB 000/255/000
2	加压给水管		
3	市政中水给水管	市政加压中水管	黄色 RGB 255/255/000
4	消火栓系统给水管	消火栓系统给水管	青色 RGB 000/255/255
5	自动喷洒系统给水管	自动喷洒系统给水管	洋红色 RGB 255/000/255
6	消防转输给水管	消防转输给水管	橙色 RGB 255/128/000
7	污水排水管	污水排水管	棕色 RGB 128/064/064
8	污水通气管	污水通气管	蓝色 RGB 000/000/064
9	雨水排水管	雨水排水管	紫色 RGB 128/000/255
10	有压雨水排水管	有压雨水排水管	深绿色 RGB 000/064/000
11	有压污水排水管	有压污水排水管	金棕色 RGB 255/162/068
12	生活供水管	生活供水管	浅绿色 RGB 128/255/128
13	中水供水管	中水供水管	藏蓝色 RGB 000/064/128
14	软化水管	软化水管	玫红色 RGB 255/000/128

4. 模型精度

根据 LOD 标准，结合工程实际情况，施工方应对各专业的精度进行详细的规定。以此作为基础，再结合各阶段的施工实际情况和需求，规定不同阶段的各专业模型精度，这样既能合理安排建模的工作量，又能确保满足阶段应用需求。

BIM 模型等级及深度要求见表3-10，各阶段模型精度要求见表3-11。

表 3-10 模型精度等级

详细等级 （LOD）	100	200	300	400	500
场地	不表示	简单的场地布置。部分构件用体量表示	按图样精确建模。景观、人物、植物、道路贴近真实	概算信息	赋予各构件的参数信息
墙	包含墙体物理属性（长度、厚度、高度及表面颜色）	增加材质信息，含粗略面层划分	包含详细面层信息、材质，附节点详图	概算信息、墙材质供应商信息、材质价格	产品运营信息（厂商、价格、维护等）

（续）

详细等级（LOD）	100	200	300	400	500
散水	不表示	表示	表示	表示	表示
幕墙	嵌板＋分隔	带简单竖梃	具体的竖梃截面，有连接构件	幕墙与结构连接方式，厂商信息	幕墙与结构连接方式，厂商信息
建筑柱	物理属性：尺寸、高度	带装饰面、材质	带参数信息	概算信息、柱材质供应商信息、材质价格	物业管理详细信息
门、窗	同类型的基本族	按实际需求插入门、窗	门窗大样图、门窗详图	门窗及门窗五金件的厂商信息	门窗五金件、门窗的厂商信息、物业管理信息
屋顶	悬挑、厚度、坡度	加材质、檐口、封檐带、排水沟	节点详图	概算信息、屋顶材质供应商信息、材质价格	全部参数信息
楼板	物理特征（坡度、厚度、材质）	楼板分层、降板、洞口、楼板边缘	楼板分层更细，洞口更全	概算信息、楼板材质供应商信息、材质价格	全部参数信息
顶棚	用一块整板代替，只体现边界	厚度、局部降板、准确分割，并有材质信息	龙骨、预留洞口、风口等，带节点详图	概算信息、顶棚材质供应商信息、材质价格	全部参数信息
楼梯（含坡道、台阶）	几何形体	详细建模，有栏杆	电梯详图	参数信息	运营信息、物业管理全部参数信息
电梯（直梯）	电梯门，用简单2D符号表示	详细的2D符号表示	节点详图	电梯厂商信息	运营信息、物业管理全部参数
家具	无	简单布置	详细布置＋2D表示	家具厂商信息	运营信息、物业管理全部参数

表3-11 各阶段模型精度要求

	方案阶段	初设阶段	施工图阶段	施工阶段	运营阶段
	LOD	LOD	LOD	LOD	LOD
建筑专业					
场地	100	200	300	300	300
墙	100	200	300	300	300
散水	100	200	200	200	200

（续）

	方案阶段	初设阶段	施工图阶段	施工阶段	运营阶段
	LOD	LOD	LOD	LOD	LOD
建筑专业					
幕墙	100	200	300	300	300
建筑柱	100	200	300	300	300
门窗	100	200	300	300	300
屋顶	100	200	300	300	300
楼板	100	200	300	300	300
顶棚	100	200	300	300	300
楼梯（含坡道、台阶）	100	200	300	300	300
电梯（直梯）	100	200	300	300	300
家具	100	200	300	300	300
结构专业					
板	100	200	300	300	300
梁	100	200	300	300	300
柱	100	200	300	300	300
梁柱节点	100	200	300	300	300
墙	100	200	300	300	300
预埋及吊环	100	200	300	300	300
地基基础					
基础	100	200	300	300	300
基坑工程	100	200	300	300	300
柱	100	200	300	300	300
桁架	100	200	300	300	300
梁	100	200	300	300	300
柱脚	100	200	300	300	300
给水排水专业					
管道	100	200	300	300	300
阀门	100	200	300	300	300
附件	100	200	300	300	300
仪表	100	200	300	300	300
卫生器具	100	200	300	400	400
设备	100	200	300	400	400

5. 协同方法

为了保证各专业建模人员以及相关分包在模型建立过程中，能够进行及时有效的协同，总包方应制订详细的协同工作标准，来规定工作集的划分、模型的更新时间等，确保大家的工作能够有效对接，同时保证模型的及时更新。BIM 协同模型工作标准如图 3-14 所示。

> **2.1.1 协同模型工作标准**
>
> **1. 协同工作的目的**
>
> 1)实现多用户在同一项目上同时工作，节省时间。
>
> 2)提高大型项目的操作效率。
>
> 3)不同专业间的协作。
>
> **2. 工作集拆分原则与标准**
>
> **(1)工作集拆分原则**
>
> 根据硬件配置，可能需要对模型进行进一步的拆分，以确保运行性能（一个基本原则是，对于大于50MB的文件都应进行检查，考虑是否可能进行进一步拆分。理论上，文件的大小不应超过100MB）。
>
> **(2)工作集划分的大致标准**
>
> a)按照专业划分；b)按照楼层划分；c)按照项目的建造阶段划分；d)按照材料类型划分；e)按照构件类别与系统划分……
>
> 注：上述标准仅是一些建议，根据具体项目考虑项目的具体状况和人员状况而进行划分，由于每个项目需求不同，在一个项目中的工作集划分标准在另一个项目中不见得一定有用。尽量避免把工作集想象成传统的图层或者图层标准，划分标准并非一成不变。

图 3-14　BIM 协同工作标准

6. 模型调整原则

基础模型建立完成后，针对建模过程中发现的图样问题，包括各种碰撞问题，施工方应如实反馈给设计方，然后根据设计方提供的修改意见进行模型调整。同时，对于图样更新、设计变更等，施工方也需要在规定时间内完成模型的调整工作。而对于需要进行深化的管线综合、钢结构等节点，应由建设方、设计方、总包方、分包方等共同制订出合理的调整原则，再据此进行模型的深化和出图工作，保证调整后模型能够有效指导现场施工。Revit 模型调整原则及 CAD 出图调整原则见表 3-12、表 3-13。

表 3-12　Revit 模型调整原则

序号	专业模型	调整前	调整后	调整原则	备注
01	结构专业				
02	建筑专业				
03	暖通专业				□综合专业
04	给水排水专业				□分专业
05	电气专业				

填表说明：调整前模型：要打"√"，不要打"×"。

调整后模型：要打"√"，不要打"×"。

表 3-13　CAD 出图调整原则

序号	专业图样	剖面图		备注
		轴号	标识信息	
01	结构专业			
02	建筑专业			
03	暖通专业			□综合专业
04	给水排水专业			□分专业
05	电气专业			

7. 模型检查

为了保证模型的准确性和实时更新，施工方应制订一套完整的模型检查和维护机制，对每个模型的建模人、图样依据、建模时间、存储位置、检查人等进行详细的记录，同时规范出检查人应该对模型进行的各项检查内容，可以在一定程度上提高模型的可靠性和精准度。模型检查记录及检查内容见表 3-14、表 3-15。

表 3-14　模型检查记录

工程名称：　　　　　　　　　　　　　　　　　　　　楼号：

建模人	模型名称	图样版本	图样名称	建模时间	存储位置	模型说明	移交人	备注
检查人	模型名称	图样版本	图样名称	检查时间	存储位置	问题说明	移交人	备注
建模人	模型名称	图样版本	图样名称	建模时间	存储位置	模型说明	移交人	备注
检查人	模型名称	图样版本	图样名称	检查时间	存储位置	问题说明	移交人	备注
建模人	模型名称	图样版本	图样名称	建模时间	存储位置	模型说明	移交人	备注
检查人	模型名称	图样版本	图样名称	检查时间	存储位置	问题说明	移交人	备注

表 3-15　模型检查内容

工程名称				楼层信息		
依据图样				专业		
序号	项目	检查方法	检查内容	检查结果	问题说明	备注
1	基本信息	以某专业模型为基础，将其他专业模型链接到建筑模型中	轴网			
			原点			
			标高			
			存储位置			

（续）

工程名称				楼层信息		
依据图样				专业		
序号	项目	检查方法	检查内容	检查结果	问题说明	备注
2	构件命名及参数	对照相关专业图样进行建模检查	是否按照《BIM建模标准》中的命名规则命名			
			检查是否有"楼层""混凝土编号""施工流水段"等相关参数信息			
			是否将机电各专业系统完整划分			
			中心文件工作集是否完整			
			机电专业所属工作集名称与各管线颜色是否按照《BIM建模标准》执行			
3	图样对照检查	对照相关专业图样进行建模检查	依据的图样是否正确			
			轴网、标高、图样是否锁定，避免因手误导致错位			
			根据图样检查构件的位置、大小、标高与原图是否一致			
			各节点模型参照节点详图进行检查			
4	建模精度	对照相关专业图样进行建模检查	检查各专业模型是否按照《BIM建模标准》中的LOD标准建模			
			若机电专业设备模型的具体型号尺寸没有时，检查是否用体量进行占位，待数据更新后进行替换			
5	设计问题	针对项目上较为关心的部位，进行图样问题检查	梁板位置关系			
			降板的合理性			
			留洞位置的一致性			
			综合管线碰撞			
6	变更检查	对照相关专业图样、变更文件、问题报告等进行建模检查	每次提出的问题报告，应由专人进行检查后再进行交付			
			项目部就问题报告进行回复后，需进行书面记录，并在模型上予以相应调整			
			在获取变更治商后，应对相关模型进行调整并进行记录			
7	注意事项		通过过滤功能，查看每个机电系统的管件是否有缺漏等错误			
			在管综调整过程中，发现碰撞点必须先检查图样问题			
			绘制模型过程中，注意管理中的错误提示，随时调整			
			将所有模型按各项目、各专业分门别类进行规范命名，并进行过程版本存储、备份			
			及时删除可认为无用的自动保存文件			

8. 职责划分

对 BIM 应用过程中，各参与方的职责进行明确的规定，让每个人明确自己的任务目标和职责范围，既保证了 BIM 实施工作的流畅，又确保了各个环节的可追溯性。

总包 BIM 团队：专业技术工程师与分包技术人员均为施工主要负责人，具有丰富现场施工经验，并经过统一 BIM 技术培训，通过考核获得 BIM 应用能力认可；具备基本的模型建立、修改、使用、分析的能力。

其他人员：经过 BIM 基础知识培训，了解 BIM 原理，能够简单使用模型，可以通过模型以及配套的协同软件获取相关数据。

团队中专业 BIM 工程师负责将设计院的 2D CAD 图样转化为 3D 的 BIM 模型，并在翻图的过程中对图样进行初步的深化。在遇到难以处理的问题时由专业工程师协助解决。

专业 BIM 工程师将图样问题以及优化之后的结果形成便于使用的问题报告、碰撞报告、材料清单等内容。团队每周召开 BIM 协调会，具体解决施工过程中技术问题。各专业工程师根据会商的结果形成工程细化的施工方案和洽商变更等。如遇需要设计、甲方等施工总包以外单位解决的问题由工程总工程师负责协调。

简 述 题

设计空间关系复杂、机电的管线综合布置系统多、各工种专业性强的大型公建项目，其 **BIM** 模型准确建立的一般流程是什么？

答：BIM 模型准确建立的一般流程包括：制作专业精准模型——综合链接模型——碰撞检测——分析和修改碰撞点——数据集成——最终完成内装的 BIM 模型。

导读：BIM 全流程应用为项目应用的一般流程模式，横跨方案、初设、施工图、施工、竣工、运维阶段，每个阶段均有相应的完整性。BIM 应用流程针对项目不同需求，不同应用点有相应的流程形式，每个流程成果明确了工作、里程碑、中间成果、会议等，本章主要讲述 BIM 项目管理应用措施及组织落实，具体内容为如何建立运行保障体系和如何组织落实，其中包括如何培训，培训的具体方案等。

4.1 建立系统运行保障体系

1）按 BIM 组织架构表成立总包 BIM 系统执行小组，由 BIM 系统总监全权负责。经业主审核批准，小组人员立刻进场，最快速度投入系统的创建工作。

2）成立 BIM 系统领导小组，小组成员由总包项目总经理、项目总工、设计及 BIM 系统总监、土建总监、钢结构总监、机电总监、装饰总监、幕墙总监组成，定期沟通及时解决相关问题。

3）总包各职能部门设专人对口 BIM 系统执行小组，根据团队需要及时提供现场进展信息。

4）成立 BIM 系统总分包联合团队，各分包指派固定的专业人员参加，如果因故需要更换，必须很好地交接，保持其工作的连续性。

5）购买足够数量的正版软件，配备满足软件操作和模型应用要求的足够数量的硬件设备，并确保配置符合要求。

4.2 编制 BIM 系统运行工作计划

1）各分包单位、供应单位根据总工期以及深化设计出图要求，编制 BIM 系统建模以及分阶段 BIM 模型数据提交计划、4D 进度模型提交计划等，由总包 BIM 系统执行小组审核，审核通过后由总包 BIM 系统执行小组正式发文，各分包单位参照执行。

2）根据各分包单位的计划，编制各专业碰撞检测计划，修改后重新提交计划。

4.3 建立系统运行例会制度

1）BIM 系统联合团队成员，每周召开一次专题会议，汇报工作进展情况以及遇到的困难、需要总包协调的问题。

2）总包 BIM 系统执行小组，每周内部召开一次工作碰头会，针对本周本条线工作进展情况和遇到的问题，制订下周工作目标。

3）BIM 系统联合团队成员，必须参加每周的工程例会和设计协调会，及时了解设计和工程进展情况。

4.4 建立系统运行检查机制

1）BIM 系统是一个庞大的操作运行系统，需要各方协同参与。由于参与的人员多且复杂，需要建立健全一定的检查制度来保证体系的正常运作。

2）对各分包单位，每两周进行一次系统执行情况例行检查，了解 BIM 系统执行的真实情况、过程控制情况和变更修改情况。

3）对各分包单位使用的 BIM 模型和软件进行有效性检查，确保模型和工作同步进行。

4.5 模型维护与应用机制

1）督促各分包在施工过程中维护和应用 BIM 模型，按要求及时更新和深化 BIM 模型，并提交相应的 BIM 应用成果。如在机电管线综合设计的过程中，对综合后的管线进行碰撞校验，并生成检验报告。设计人员根据报告所显示的碰撞点与碰撞量调整管线布局，经过若干个检测与调整的循环后，可以获得一个较为精确的管线综合平衡设计。

2）在得到管线布局最佳状态的 3D 模型后，按要求分别导出管线综合图、综合剖面图、支架布置图以及各专业平面图，并生成机电设备及材料量化表。

3）在管线综合过程中建立的精确 BIM 模型，还可以采用 Autodesk Inventor 软件制作管道预制加工图，从而大大提高项目的管道加工预制化、安装工程集成化的程度，进一步提高施工质量，加快施工进度。

4）运用 Revit Navisworks 软件建立 4D 进度模型，在相应部位施工前 1 个月内进行施工模拟，及时优化工期计划，指导施工实施。同时，按业主所要求的时间节点提交与施工进度相一致的 BIM 模型。

5）在相应部位施工前的 1 个月内，根据施工进度及时更新和集成 BIM 模型，进行碰撞检测，提供包括具体碰撞位置的检测报告。设计人员根据报告很快找到碰撞点所在位置并进行逐一调整，为了避免在调整过程中有新的碰撞点产生，检测和调整会进行多次循环，直至碰撞报告显示零碰撞点。

6）对于施工变更引起的模型修改，在收到各方确认的变更单后的 14 天内完成。

7）在出具完工证明以前，向业主提交真实准确的竣工 BIM 模型、BIM 应用资料和设备信息等，确保业主和物业管理公司在运营阶段具备充足的信息。

8）集成和验证最终的 BIM 竣工模型，按要求提供给业主。

4.6　BIM 模型的应用计划

1）根据施工进度和深化设计及时更新和集成 BIM 模型，进行碰撞检测，提供具体碰撞的检测报告，并提供相应的解决方案，及时协调解决碰撞问题。

2）基于 BIM 模型，探讨短期及中期之施工方案。

3）基于 BIM 模型，准备机电综合管道图（CSD）及综合结构留洞图（CBWD）等施工深化图样，及时发现管线与管线之间，管线与建筑、结构之间的碰撞点。

4）基于 BIM 模型，及时提供能快速浏览的 Navisworks、DWF 等格式的模型和图片，以便各方查看和审阅。

5）在相应部位施工前的 1 个月内，按照施工进度表进行 4D 施工模拟，提供图片和动画视频等文件，协调施工各方优化时间安排。

6）应用网上文件管理协同平台，确保项目信息及时有效地传递。

7）将视频监视系统与网上文件管理平台整合，实现施工现场的实时监控和管理。

4.7　实施全过程规划

为了在项目期间最有效地利用协同项目管理与 BIM 计划，应先投入时间对项目各阶段中团队各利益相关方之间的协作方式进行规划。项目全过程 BIM 交付如图 4-1 所示。

从建筑的设计、施工、运营，直至建筑全寿命周期的终结，各种信息始终整合于一个 3D 模型信息数据库中（图 4-2）。

设计、施工、运营和业主等各方可以基于 BIM 进行协同工作，有效提高工作效率、节省资源、降低成本，以实现可持续发展。

借助 BIM 模型，可大大提高建筑工程的信息集成化程度，从而为项目的相关利益方提供了一个信息交换和共享的平台（图 4-3）。结合更多的数字化技术，还可以被用于模拟建筑物在真实世界中的状态和变化，在建成之前，相关利益方就能对整个工程项目的成败做出完整的分析和评估。

4.8　BIM 项目管理组织落实

1）BIM 项目成功实施，有赖于双方有力的协作团队，明确的分工和责任落实。组织落实为项目实施第一任务。

2）BIM 实施是"一把手工程"，委托方项目经理必须从战略上高度统一项目组所有成员对 BIM 项目实施的思想认识，明确团体利益，一致行动。

3）委托方和实施方双方都必须组建具有执行力的专业团队——BIM 项目组。

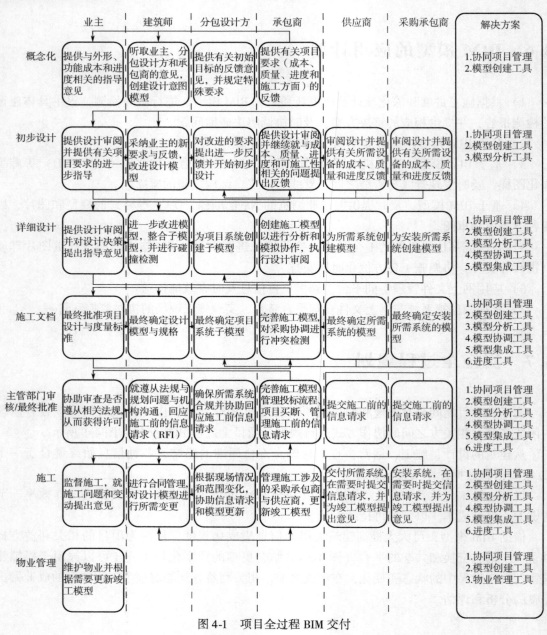

	业主	建筑师	分包设计方	承包商	供应商	采购承包商	解决方案
概念化	提供与外形、功能成本和进度相关的指导意见	听取业主、分包设计方和承包商的意见，创建设计意图模型	提供有关初始目标的反馈意见，并规定特殊要求	提供有关项目要求（成本、质量、进度和施工方面）的反馈			1.协同项目管理 2.模型创建工具
初步设计	提供设计审阅并提供有关项目要求的进一步指导	采纳业主的新要求与反馈，改进设计模型	对改进的要求提出进一步反馈并开始初步设计	提供设计审阅并继续就与成本、质量、进度和可施工性相关的问题提出反馈	审阅设计并提供有关所需设备的成本、质量和进度反馈	审阅设计并提供有关所需设备的成本、质量和进度反馈	1.协同项目管理 2.模型创建工具 3.模型分析工具
详细设计	提供设计审阅并对设计决策提出指导意见	进一步改进模型，整合子模型，并进行碰撞检测	为项目系统创建子模型	创建施工模型以进行分析和模拟协作，执行设计审阅	为所需系统创建模型	为安装所需系统创建模型	1.协同项目管理 2.模型创建工具 3.模型分析工具 4.模型协调工具 5.模型集成工具
施工文档	最终批准项目设计与度量标准	最终确定设计模型与规格	最终确定项目系统子模型	完善施工模型，对采购协调进行冲突检测	最终确定所需系统的模型	最终确定安装所需系统的模型	1.协同项目管理 2.模型创建工具 3.模型分析工具 4.模型协调工具 5.模型集成工具 6.进度工具
主管部门审核/最终批准	协助审查是否遵从相关法规从而获得许可	就遵从法规与规划问题与机构沟通，回应施工前的信息请求（RFI）	确保所需系统合规并协助回应施工前信息请求	完善施工模型、管理投标流程、项目买断、管理施工前的信息请求	提交施工前的信息请求	提交施工前的信息请求	1.协同项目管理 2.模型创建工具 3.模型分析工具 4.模型协调工具 5.模型集成工具 6.进度工具
施工	监督施工，就施工问题和变动提出意见	进行合同管理，对设计模型进行所需变更	根据现场情况和范围变化，协助信息请求和模型更新	管理施工涉及的采购承包商与供应商，更新竣工模型	交付所需系统，在需要时提交信息请求，并为竣工模型提出意见	安装系统，在需要时提交信息请求，并为竣工模型提出意见	1.协同项目管理 2.模型创建工具 3.模型分析工具 4.模型协调工具 5.模型集成工具 6.进度工具
物业管理	维护物业并根据需要更新竣工模型						1.协同项目管理 2.模型创建工具 3.物业管理工具

图 4-1 项目全过程 BIM 交付

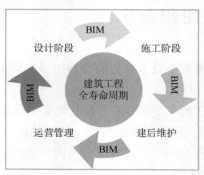

图 4-2 BIM 在建筑全寿命周期的作用

图 4-3　BIM 为项目提供信息交换和共享的平台

4.9　BIM 实施资源配置

4.9.1　所需相关软件

所需相关软件见表 4-1。

表 4-1　所需相关软件

Autodesk	Bentley	NeMetschek Graphisoft	Gery Technology Dassault
Revit Architecture	Bentley Architecture	Archie CAD	Digital Project
Revit Structure	Bentley Structural	AllPLAN	CATIA
Revit MEP	Bentley Building Mechanical Systems	Vector works	

4.9.2　相关设备投入

相关设备投入见表 4-2。

表 4-2　相关设备投入

CPU	内存	硬盘容量	显卡	显示器
I7 3930 12 核	16GB	2TB	Q4000	HKC22 寸
I7 3930 12 核	32GB	2TB	Q6000	HKC22 寸
I7 4770K	32GB	2TB	Q6000	飞利浦 22 寸
E5 2630	64GB	2TB	Q6000	飞利浦 27 寸

4.9.3 技术人员准备

1）深入学习 BIM 在施工行业的实施方法和技术路线，提高施工技术人员的 BIM 软件操作能力。

2）掌握基本 BIM 建模方法，加深 BIM 施工管理理念。

3）在施工、造价管理和项目管理方面能进行 BIM 技术的综合应用，从而加快推动施工人员由单一型技术人才向复合型全面人才的转变。

4）组建多层级团队，能够应用 BIM 技术为企业、部门或项目提高工作质量和效率等。

5）进而建立企业 BIM 技术中心，负责 BIM 知识管理、标准与模板、构件库的开发与维护、技术支持、数据存档管理、项目协调、质量控制等。

4.9.4 协同平台准备

为了保证各专业内和专业之间信息模型的无缝衔接和及时沟通，BIM 项目需要在一个统一的平台上完成。这个平台可以是专门的平台软件，也可以利用 windows 操作系统实现，关键是要有一套具体可行的合作规则同时在技术上可行。协同平台应具备的最基本功能是信息管理和人员管理。

在协同化设计的工作模式下，设计成果的传递不应该再用 U 盘、快递发图样这种低效滞后的方式，至少也得利用 windows 共享、FTP 服务器这种级别的共享功能。BIM 设计传输的数据量比传统设计大得多，一个模型好几百"MB"，上"GB"也很正常，如果没有一个统一的平台承载信息供大家使用，设计的效率会低得让人难以忍受。

信息管理的另一方面是信息安全。项目中很多信息是不宜公开的，比如 ABD 的工作环境（workspace）等需要专人花很大精力才能完善的东西，不能让人随便复制出去给其他公司使用。这就要求一部分信息不能被一些人看到，一部分信息可以被看到，但不可以被复制。

做 BIM 采用的软件、建模型有什么要求已经在企业级 BIM 协同设计手册中规定；项目的具体执行计划已经在 BIM 项目执行计划中制订好；项目参与人员的工作职责和工作内容已经在组建团队和工作内容划分时事先规定好；团队协同工作的平台已经建立完毕。那么下面要做的就是各司其职。

4.10 BIM 培训

在项目实施过程中，不断推行"全员 BIM"的实施理念，通过不同阶段、不同层次的培训，使项目各单位、各部门相关管理人员对于 BIM 知识有一个与自己岗位对应深度的了解与掌握，而通过开展不同主题的专业技能培训，使相关人员具有一定的 BIM 操作与实施能力。使 BIM 管理发挥最优效果，且同时完成了 BIM 的人才储备和深入推广工作（图 4-4 ~ 图 4-7）。

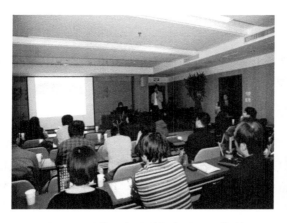

图 4-4　对管理人员进行全员 BIM 培训

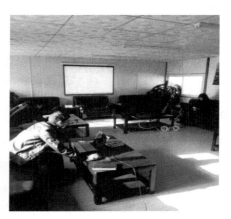

图 4-5　对项目部主管人员进行 BIM 专业技能培训

课程时间安排								
日期	课程名称	主讲人	资料准备负责人	时间节点	讲课内容	准备资料	格式	课程说明
2013.05.30	上午							
	建筑模型信息（BIM）核心理念及六建BIM应用介绍	[illegible]	[illegible]	2013.05.27（各项课程分别准备2小时课程）			PPT	了解BIM的发展趋势、BIM对施工企业的应用价值、分享六建BIM科技成果
	常规BIM软件在行业发展中的成果介绍		[illegible]				PPT	
	BIM功能应用介绍：3D制图、方案论证、数据信息提取、工程量统计、4D施工模拟、漫游、碰撞检查及调整、优化设计（钢筋深化、模板拼接）等		[illegible]					
	中场休息-播放动画演示（BIM团队简介，808）		[illegible]				AVI	
	3D软件基本操作	[illegible]	[illegible]					[illegible]
	用餐午休（11:30-12:50）							
	Revit 软件、界面介绍	[illegible]	[illegible]	2013.05.27（各项课程分别准备2小时课程）				
	Revit Architecture 2012基本操作		[illegible]					
	Revit Structure 2012基本操作							
2013.05.31	上午							学习施工模型的建立，3D制图（平面、立面和剖面），各专业模型数据的提取，工程量统计，碰撞检查，优化设计，施工进度模拟等内容，为施工提供有效的数据参考信息。
	Revit MEP 2012基本操作-电力专业	[illegible]	[illegible]	2013.05.27（各项课程分别准备2小时课程）				
	中场休息-播放第一天BIM知识、应用PPT-10分钟		[illegible]				PPT	
	Revit MEP 2012基本操作-给排水专业	[illegible]	[illegible]					
	用餐午休（11:30-12:50）							
	Revit MEP 2012基本操作-暖通专业	[illegible]	[illegible]	2013.05.27（各项课程分别准备2小时课程）				
	中场休息-施工模拟生长-10分钟		[illegible]				AVI	
	Navisworks 基本操作-漫游、碰撞检查	[illegible]	[illegible]					
	课程总结交流、讨论	[illegible]						

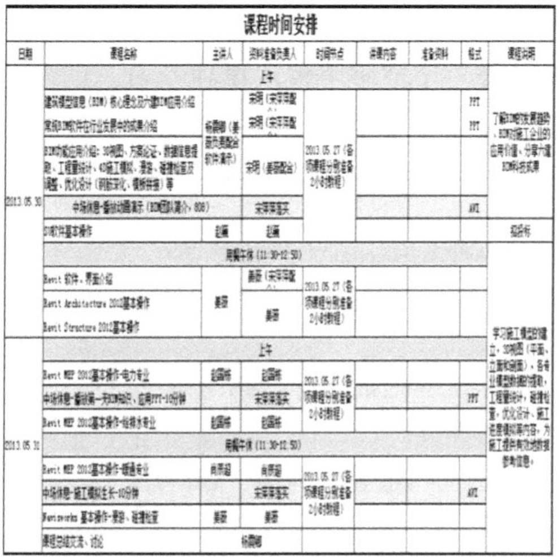

图 4-6　某次 BIM 培训课程时间安排

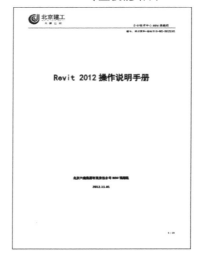

图 4-7　为培训专门制作的 Revit 软件操作说明手册

4.10.1　培训目的

培训目的是为 BIM 团队讲解 BIM 概念及相关技术，BIM 实施带来的资源管理、业务组织、流程再造等，帮助企业针对国内 BIM 环境制订企业级 BIM 实施规划，将 BIM 技术与方法应用到企业所有业务活动中，构建企业的信息共享、业务协同平台，实现企业的知识管理和系统优化，提升企业的核心竞争力。

4.10.2　培训方式

培训采取脱产集中学习方式，授课地点统一安排在多媒体计算机房，每次培训人数不超过 30 人，为学员配备计算机，在集中授课时，配有助教随时辅导学员上机操作。技术部负责制订培训计划、跟踪培训实施、定期汇报培训实施状况，以确保培训得以顺利实施，达到集团公司对培训质量的要求。

4.10.3 培训对象

培训对象为具有建筑工程或相关专业大专以上学历、具备建筑信息化基础知识、掌握相关软件基础应用的设计、施工、房地产开发公司技术和管理等人员。

4.10.4 培训主题

培训主题是普及 BIM 的基础概念，从项目实例中剖析 BIM 的重要性，深度分析 BIM 的发展前景与趋势，多方位展示 BIM 在实际项目操作与各个方面的联系。培训主要围绕以下四个方面的软件应用进行：RevitArchitecture、Revit Structure、Revit MEP 和 Navisworks Manage，培训的同时要对学员进行测试，随时将理论学习与项目实战相结合，同时，技术部要对学员的培训状况进行及时反馈。

4.10.5 培训方案和主要教学内容

方案一：模块化培训，可结合自己的实际情况选择一个或多个模块单独学习，见表4-3。

表4-3 培训方案一

相关软件	培训内容	学习目标	培训天数
Revit Architecture	Revit Architecture 初步认识、建模设计流程、基本功能、参数化族、施工图样设计	熟悉 Revit Architecture 工作界面、基本功能，完成 3D 建模，完成简单施工图设计	1
Revit Structure	Revit Structure 初步认识，创建项目流程	熟悉 Revit Structure 界面、基本功能，搭建结构 3D 模型	1
Revit MEP	Revit MEP 项目创建工作，基本功能，系统自动分析设计，照明设计，创建明细表，创建、定制族文件，图样设计	Revit MEP 正确设置项目信息、简单建模、掌握自动布管功能及系统分析、掌握暖通空调空间与分区设计及负荷计算、掌握照明设计方法、能生成优化系统；掌握参数化族的修改、创建及使用；施工图设计	1
Navisworks Manage	Navisworks Manage 概论、界面、基本功能	熟悉界面，掌握软件特点和使用范围	1
全模块			4

方案二：定制培训，根据学员来源及需求，预先与授课教师确定培训内容和时间，满足学员的实际需要。

4.10.6 培训成果

学员在培训结束后，可掌握以下内容：

1）掌握相关软件的功能，具备独立完成软件操作的能力。

2）具备下一阶段软件培训能力。

3）可根据自己的意愿考取相应证书。

4. 10. 7 施工企业 BIM 培训突出现象

1）甲方招标需要 BIM 技术，施工方投标时把 BIM 技术这一块外包给专业 BIM 公司，自己还是按照传统模式进行工作。

2）为了提升企业竞争力，施工企业决定组织 BIM 培训。但是培训完之后，学员往往因为工作繁忙或是没有工程项目，得不到实践的机会。时间一长，公司 BIM 发展大计也就逐渐被遗忘，曾经的 BIM 学员又回到了昔日的模样。

3）为了响应住建部建筑信息化十三五规划，组织培训推广普及 BIM 技术，但其后续时效性有待考察。

4. 10. 8 施工企业 BIM 培训建议

1）BIM 不是一个软件的事。CAD 基本上用一个软件做出来的成果就是客户想要的东西——图样。而用 BIM 做出来的东西（BIM 模型）不是客户想要的东西，而只是可以产生客户想要的东西的"原材料"——模型和信息，你还需要用其他的应用软件把这些"原材料"处理成客户需要的成品，它是需要一组软件才可以解决的问题。当然这些成品的种类和质量可以超越以前你用 CAD 提供的内容。

2）BIM 不是换一个工具的事。十多年后的今天，大家都会认同当年用"甩图板"来描述 CAD 推广普及的这个说法相当精准，CAD 就是换了一个工程师绘图的工具。而这也正是 BIM 和 CAD 的又一个不同点，也是导致 BIM 应用不容易成功的又一个原因，BIM 不仅仅改变了从业者的生产工具，同时也改变了 CAD 没有改变的生产内容——图样。

3）BIM 不是一个人的事。CAD 更多表现为个体运动，一个人使用就可以提高工作效率，使用者就是利益的获得者。而 BIM 更多表现为团体运动，越多项目成员使用价值越高，使用者和利益获得者不一定一致。

4）BIM 不是换一张图样的事。CAD 生产的电子版图样和手工绘制的纸质图样本质上没有什么区别，可以在计算机上交流，或者打印在图纸上也可以解决问题。BIM 的成果是多维的、动态的，输出到图纸上的只能是 BIM 成果在某一个时间点和某一个方位的"快照"，要完整理解和应用 BIM 成果，必须借助计算机和软件来承载和传递。

5）结合企业现状制订战略。不要在刚开始接触应用 BIM 便想要求大求全，试图将 Revit 用于各个专业，完美地实现 3D 协同设计及相关应用。如 BIM 应用刚刚起步的一些总包项目，就需要从基础的 BIM 建模工作开始，从基础项目入手，慢慢挖掘更多的价值点，这样以后就可以利用 BIM 来获得更多更大的项目。一个合理实用的 BIM 实施规划很有必要，这是一个长期发展的过程，BIM 的成功实施需要公司决策层的政策支持和执行层的坚定决心。

6）BIM 的应用推广需要人才的培养，需要考虑团队结构和人员梯次。只有个人的软件应用能力增长了，才能为项目与企业执行层面提供强大支持。

7）BIM 培训结合实际项目上手最快，实践出真知，做项目才能检验出自己的真实水平。BIM 启动的试验项目不宜选择难度过大的项目，先要建立起大家的激情与信心，快速见到成果。没有项目应用作为支柱，BIM 应用只能是个人应用，而不可能到达企业层面。

8）循序渐进地实施。BIM 的推进有个过程，无论是项目经验积累和团队建设都是如此。最大的困难不在于学习软件，而在于如何应用 BIM 为企业设计一整套的标准、流程，然后融入现有业务流程中去，并在这过程中尽量减少对传统业务的负面影响。循序渐进需要一定的耐心，施工企业对 BIM 应用需要一个认识、理解、应用、深入的过程，短期内应用 BIM 进行精细化管理恐怕会消化不良。因此，以碰撞检查、管道综合技术作为突破口，实实在在地利用 BIM 解决实际问题，是比较好的切入点。

9）尊重企业传统模式。BIM 不是要颠覆传统，不是把 2D CAD 生产模式彻底废掉。如某企业调了三个青年骨干去研究 BIM，没这么快出效果。结果对个人而言收入少了，对企业而言人手少了，双方积极性都受挫，很难坚持下去。这就是现实，我们必须正视。我们要注意平衡 BIM 应用所带来的负面影响，尽快让 BIM 应用在短时间内帮助现有业务提升水准，并尽快找到盈利模式，让 BIM 进入良性发展。

10）寻求专业合作伙伴。BIM 不等于 Revit，现在很多人一提到 BIM 就是 Revit，就试图用 Revit 解决所有的 BIM 项目中的问题，Revit 只是众多软件中比较经济实惠的一款，但不代表是最好最专业的一款软件，也不是包打天下的软件。BIM 成员在这个新兴行业面前容易处于困惑状态，大都做一步看一步，没有规划走弯路的居多，或者成果已经在前面了，但是永远差几步。专业 BIM 合作伙伴的核心价值并非从企业身上赚钱，而是帮助设计企业做好 BIM 规划、带领企业进行 BIM 实施、与企业合创盈利模式，并与企业分享合作带来的价值。

11）创造价值。虽然并不是每个甲方都会主动要求做 BIM，但是从传统流程与 BIM 流程的比较中可以看出，BIM 流程为传统设计提供了很多独特的价值。这些价值只要被认可，施工企业就可以让业主很乐意地购买增值服务。要让业主明白加入 BIM，质量提升的不是一点点。前期的投入越多，后期的节约效果越明显。这个投入不仅仅是金钱，还有相关的人力和时间。

简 述 题

对一个项目制订 BIM 模型的应用计划，应涉及的应用点有哪几方面？

答：BIM 模型的应用计划涉及的应用点包括以下方面：

1）及时更新和集成 BIM 模型，进行碰撞检测。

2）基于 BIM 模型，探讨短期及中期的施工方案。

3）基于 BIM 模型生成施工深化图纸。

4）及时提供能快速浏览的模型和图片。

5）进行 4D 施工模拟，协调施工各方，优化时间安排。

6）利用文件管理协同平台，确保项目信息及时有效地传递。

7）施工现场的实时监控和管理。

第**5**章 业主方BIM项目管理与应用

导读：业主单位是建设工程生产过程的总集成者——人力资源、物质资源和知识的集成，也是建设工程生产过程的总组织者。业主单位也是建设项目的发起者及项目建设的最终责任者，业主单位的项目管理是建设项目管理的核心。作为建设项目的总组织者、总集成者，业主单位的项目管理任务繁重、涉及面广且责任重大，其管理水平与管理效率直接影响建设项目的增值。业主往往希望通过 BIM 技术应用来控制投资、提高建设效率，同时积累真实有效的竣工运维模型和信息，为竣工运维服务，在实现上述需求的前提下，也希望通过积累实现项目的信息化管理、数字化管理。本章主要介绍业主单位在项目管理中的 BIM 应用内容。

5.1 应用需求

业主方应首先明确利用 BIM 技术实现什么目的，才能对 BIM 咨询公司提出具体需求，不能笼统模糊地提出需求。业主通常需要 BIM 有以下性能：

1）可视化的投资方案——能反映项目的功能，满足业主的需求，实现投资目标。

2）可视化的项目管理——支持设计、施工阶段的动态管理，及时消除差错，控制建设周期及项目投资。

3）可视化的物业管理——通过 BIM 与施工过程记录信息的关联，不仅为后续的物业管理带来便利，并且可以在未来进行的翻新、改造、扩建过程中为业主及项目团队提供有效的历史信息。

5.2 总体应用目标

为业主提供基于 BIM 的项目施工文件管理，将竣工资料及相关设备资料录入建筑信息模型，以方便后续物业的维护管理。通过 BIM 技术解决图样问题，解决工地现场实际问题，减少现场签证和变更，进一步提高施工质量、控制施工进度、节约工程造价。实现企业项目管理各个环节之间的信息共享和协同作业。建立支撑工程信息共享的 BIM 信息交换接口，实现 BIM 模型的导入、系统内模型数据的整合、模型及信息的导出、模型与信息的交互浏览等。

5.3 具体应用内容

5.3.1 周边环境模拟

工程施工场地与周边环境相互制约相互影响，为实现绿色施工，营造良好的施工环境，减少噪声、空气污染，应对工程周边环境进行分析。利用 BIM 技术对工程周边环境进行模拟，对拟建造工程进行性能分析，如舒适度、空气流动性、噪声云图等指标，该项应用对于城市规划及项目规划意义重大。天津地铁三号线控制中心工程周边环境效果如图 5-1 所示。

5.3.2 设计管理

1）信息采集。项目规模庞大，形体复杂度高，各类系统布置密集。面对服务于业主的不同专业工程参与者，会有大量数据信息，容易出现项目理解得不一致，因为设计图样问题而引起项目或者投资损失。

图 5-1 天津地铁三号线控制中心周边环境展示

2）发布设计信息。基于协同设计平台，让业主与各专业工程参与者以及服务公司实时观测数据更新，用最短时间达到图样、模型合一。

3）复杂建筑。建立 3D 的建筑信息模型，达到建筑曲面的离散。

4）专业协调。协调项目中各专业公司的 2D 图样，在建筑信息模型得到 3D 可视化的统一。

5）图样错漏。BIM 团队的专业工程师协助业主检查项目图样的"错漏碰缺"，达到更新和修改的最低化。

6）精细化设计。让各专业的设计在 3D 建筑信息模型中得到精细化的体现，当然服务公司的模型精细程度都比较高。

5.3.3 工程量计算

1）根据模型自动生成符合国家工程量清单计价规范标准的工程量清单及报表。

2）为招标投标、进度款支付、结算等提供工程量支撑。

3）快速统计和查询各专业工程量。

4）对材料计划、使用做精细化控制，避免材料浪费。

5）基于 BIM 的工程量能服务于各方面工作，如工期模拟、施工模拟、工序设计等。

5.3.4 辅助招标

1）避免信息孤岛的产生，实现数据共通共享并具有可追溯性。

2）控制经济指标的精确性与准确性，避免建筑面积与限高的造假。

3）根据不同的要求可以随时提取或调整建筑面积及建筑使用性质，如容积率、建筑密度等相关建筑信息。

4）BIM模型的可视化让投标方深入了解招标方所提出的条件。

5）整合所有招标文件，量化各项指标，对比论证各投标人的总价、综合单价及单价构成的合理性。

6）评标过程记录并生成数据库，对操作员的操作进行实时的监督。评标过程可事后查询。

7）实现无纸化招标投标，从而节约大量纸张和装订费用，真正做到绿色低碳环保。

8）可实现招标投标的跨区域、低成本、高效率、更透明、现代化。

9）大幅度削减招标的人力成本。

10）BIM辅助评标有利于规范市场秩序、防止权力寻租与腐败，最大限度地减少暗箱操作、虚假招标、权钱交易，有利于推动招标投标工作的公开化、法制化，使得招标投标工作更加公正、透明。

5.3.5 采购管理（信息统计）

比如项目中的防火门，可以得到整个项目中共有防火门的准确数字，防火门的不同样式、材料，安装日期，出厂型号，尺寸大小，甚至可以统计防火门的把手等细节。

5.3.6 施工管理

1）施工放样：数字化放样、定位。

2）施工模拟：如基于3D模型检查塔式起重机的运转轨迹，塔式起重机与待建建筑物的关系，塔式起重机的服务半径。

3）4D模拟：验证总包施工计划的合理性，优化施工顺序，使用3D和4D模型明确分包商的工作范围，管理协调交叉，施工过程监控，可视化汇报进度。

4）物料监控：对项目中的土建、机电、幕墙和精装修所需要的材料进行监控，保证业主项目中成本的控制。

5）问题修正：BIM系统在工程验收中的作用，甲方可以通过扫描工程完成面的信息，直接和模型参照对比，来检验工程质量。

5.3.7 设计变更调整

建造施工过程中，根据工程变更、现场实际情况，对BIM模型进行维护和调整，使其与现场实际施工保持一致。

5.3.8 物业管理

1）设备信息的3D标注：可在设备管道上直接标注名称、规格和型号，3D标注跟随模型移动、旋转。

2）属性查询：在设备上点击鼠标右键，可以显示设备的具体规格、参数和生产厂家。

3）外部链接：在设备上点击鼠标左键，可以调出有关设备的其他格式文件，如维修状况、仪表数值。

4）隐蔽工程：工程结束后，各种管道可视性降低，给设备维护、工程维修或二次装饰工程带来一定难度，BIM 可清晰记录各种隐蔽工程，避免错误施工的发生。

5）模拟监控：物业对一些净空高度、结构有特殊要求，BIM 可提前解决各种要求，并能生成 VR 文件，可以让客户互动阅览。

5.3.9 推广销售

1）面积监控：BIM 体量模型可自动生成建筑及房间面积，并加入面积计算规则，添加所有建筑楼层房间使用性质等相关信息作为未来楼盘推广销售的数据基础。

2）虚拟现实：为采购者提供 3D 可视化模型，并可提供在 3D 模型中漫游，体会身临其境的感觉。

简 述 题

业主方利用 BIM 进行辅助招标过程中，BIM 技术可以在哪些方面进行辅助？

答：数据的共通共享可追溯性；控制经济指标的精确性与准确性；根据不同的要求可以随时提取或调整建筑面积及建筑使用性质；BIM 模型可视化让投标方深入了解招标方所提出的条件；整合所有招标文件，量化各项指标；评标过程记录并生成数据库；实现无纸化招标；可实现招标的跨区域、低成本、高效率、更透明、现代化；大幅度削减招标方的人力成本；BIM 辅助评标有利于规范市场秩序，防止权力寻租与腐败，使得招标工作更加公开化、法制化。

第6章 设计方BIM项目管理与应用

导读：本章主要介绍 BIM 技术在项目管理中设计阶段的应用。首先介绍 BIM 技术在设计阶段的主要应用内容，然后将设计阶段分解为方案、初步设计和施工图设计三个阶段，并分阶段详细介绍了各阶段的 BIM 技术应用情景，如 BIM 技术在方案阶段的应用，包括概念设计、场地规划和方案比选等；BIM 技术在初步设计阶段的应用，包括结构分析、性能分析和绿色建筑设计等；BIM 技术在施工图设计阶段的应用，包括碰撞检查、施工图生成和 3D 渲染图出具、工程算量和协同；最后以案例的形式进行了补充介绍。希望通过本章的学习，能使读者对于 BIM 技术在设计阶段的应用有系统的理解，本章内容主要来源于房屋建筑设计领域，也希望广大读者举一反三，结合自身的项目特点，挖掘出更多的设计阶段应用点。

6.1 设计方 BIM 应用需求

设计方是项目的主要创造者，是最先了解业主需求的参建方，设计方希望 BIM 带来：

1）突出的设计效果——通过创建模型，更好地表达设计意图，满足业主需求。

2）便捷的使用并减少设计错误——利用模型进行专业协同设计，通过碰撞检查，把类似空间障碍等问题消灭在出图之前。

3）可视化的设计会审和专业协同——基于 3D 模型的设计信息传递和交换将更加直观、有效，有利于各方沟通和理解。

6.2 建筑节能设计

6.2.1 建筑节能设计现状

建筑节能设计的推广还远远达不到发展的要求，这一现象在我国更加突出。大多数的设计师参考其他生态建筑设计案例和套用已有的技术手法，而且没有对所设计的方案和工程进行分析与计算，以检验设计的效果是否节能、是否经济、是否"绿色"等。目前，我国的建筑设计更侧重于建筑的外观和功能，而忽视建筑的能效设计——即通过被动设计的方法，在建筑设计的初始阶段，就开始进行建筑能效设计，从而选择最优化的设计方案。

在 AutoCAD 占据统治地位的 2D CAD 时代，只有通过手工输入的方式将建筑设计的相关数据输入到专业软件中，才能进行能量分析。而操作和使用这些软件不仅需要具备复杂的能量分析基础知识，而且软件本身也是专业化的程序，必须由专业人士经过专业培训才能进行操作。大量的专业数据、繁琐的输入工作使得能量分析与模拟对于建筑师来说是可望而不可即的。

这是建筑师无法在设计过程中直接对设计方案进行建筑能量分析的一个重要原因。因此在传统的 2D 设计模式中，能效计算通常安排在设计的最终阶段，由专业人士进行操作及分析、模拟，但此时建筑设计方案很难改变。于是，能量分析就成为一种象征性的姿态，对绿色建筑设计起不到什么作用。

分析这些现象，建筑设计者有直接责任，但是真正的问题是建筑师在进行方案设计时，无法对设计方案进行定性与定量的计算分析，建筑设计与分析计算之间发生严重脱节现象，使得面向节能的生态建筑设计难以完成。

解决问题的关键是建筑师需要一个包含建筑全部信息的数字化模型，和一个有效便捷能识别这些信息的建筑能量分析工具。

6.2.2　基于 BIM 技术的建筑节能设计

利用 BIM 技术，建筑师在设计过程中创建的虚拟建筑模型已经包含了大量设计信息，包括几何信息、材料性能、构件属性等，只要将模型导入相关的能量分析软件，就可以得到相应的能量分析结果。原本需要专业人士花费大量时间输入大量专业数据这个过程，如今利用先进的计算机技术就可以自动完成，建筑师不需要额外花费精力。

在建筑设计的方案阶段，充分利用建筑信息模型和能量分析工具，简化能量分析的操作过程，是建筑师进行绿色建筑设计迫切需要解决的问题。目前，美国的 Green Building Studio（以下简称 GBS）可以满足建筑师的这一需求。GBS 直接从 BIM 软件中导入建筑模型，利用其中包含的大量建筑信息来建立一个准确的热模型（其中包括合理的分区和方位），并将其转换成 gbXML 格式（gbXML 是一种开放的 XML 格式，已被 HVAC 软件业界迅速接受，成为其数据交换标准）。然后根据当地建筑标准和法规，对不同的建筑空间类型进行智能化的假定。最后结合当地典型的气候数据，采用 DOE2.2 模拟引擎（一个被广泛接受的建筑分析程序）进行逐时模拟。每年能量消耗、费用以及一系列建筑采暖制冷负荷、系统数据（诸如照明、HVAC、空间供暖的主要电力和天然气的能源使用）都能立刻展现出来。而整个过程中，建筑师只需在 GBS 中手动输入建筑类型和地理位置即可。GBS 还能输出 gbXML、3D VRML、DOE—2.2 等文件格式，可以利用其他工具诸如 Trane 的 Trace 700，或 eQuest、EnergyPlus 等对建筑能效进行进一步分析。

在建筑设计基本完成之后，需要对建筑物的能效性能进行准确的计算、分析与模拟。在这方面，美国的 EnergyPlus 软件是其中的佼佼者。EnergyPlus 是一个建筑全能耗分析软件（whole building energy analysist 001），是个独立的没有图形界面的模拟软件，包含上百个子程序，可以模拟整个建筑的热性能和能量流、计算暖通空调设备负荷等，并可以对整个建筑的能量消耗进行分析。

在 2D CAD 的建筑设计环境下，运行 EnergyPlus 进行精确模拟需要专业人士花费大量时间，手工输入一系列大量的数据集，包括几何信息、构造、场地、气候、建筑用途以及 HVAC 的描述数据等。

然而在 BIM 环境中，建筑师在设计过程中创建的建筑信息模型可以方便地同第三方设备例如 BsproCom 服务器结合，从而将 BIM 中的 IFC 文件格式转化成 EnergyPlus 的数据格式。另外，通过 GBS 的 gbXML 也可以获得 EnergyPlus 的 IDF 格式。

BIM 与 EnergyPlus 相结合的一个典型实例是位于纽约 "911" 遗址上的自由塔（Freedom

Tower)。在自由塔的能效计算中，美国能源部主管的加州大学"劳伦斯·伯克利国家实验室"（LBNL）充分利用了 ArchiCAD 创建的虚拟建筑模型和 EnergyPlus 这个能量分析软件。自由塔设计的一大特点是精致的褶皱状外表皮。LBNL 利用 ArchiCAD 软件将这个高而扭曲的建筑物的中间（办公区）部分建模，将外表几何形状非常复杂的模型导入了 EnergyPlus，模拟了选择不同外表皮时的建筑性能，并且运用 EnergyPlus 来确定最佳的日照设计和整个建筑物的能量性能，最后建筑师根据模拟结果来选择最优化的设计方案。

除以上软件以外，芬兰的 Riuska 软件等，也可以直接导入 BIM 模型，方便快捷地得到能量分析结果。

6.3 协同设计

目前我们所说的协同设计，很大程度上是指基于网络的一种设计沟通交流手段，以及设计流程的组织管理形式。包括：通过 CAD 文件之间的外部参照，使得工种之间的数据得到可视化共享；通过网络消息、视频会议等手段，使设计团队成员之间可以跨越部门、地域甚至国界进行成果交流、开展方案评审或讨论设计变更；通过建立网络资源库，使设计者能够获得统一的设计标准；通过网络管理软件的辅助，使项目组成员以特定角色登录，可以保证成果的实时性及唯一性，并实现正确的设计流程管理；针对设计行业的特殊性，甚至开发出了基于 CAD 平台的协同工作软件等。

而 BIM 的出现，则从另一角度带来了设计方法的革命，其变化主要体现在以下几个方面：从 2D 设计转向 3D 设计；从线条绘图转向构件布置；从单纯几何表现转向全信息模型集成；从各工种单独完成项目转向各工种协同完成项目；从离散的分步设计转向基于同一模型的全过程整体设计；从单一设计交付转向建筑全生命周期支持。BIM 带来的是激动人心的技术冲击，而更加值得注意的是，BIM 技术与协同设计技术将成为互相依赖、密不可分的整体。协同是 BIM 的核心概念，同一构件元素，只需输入一次，各工种共享元素数据并从不同的专业角度操作该构件元素。从这个意义上说，协同已经不再是简单的文件参照。可以说 BIM 技术将为未来协同设计提供底层支撑，大幅提升协同设计的技术含量。BIM 带来的不仅是技术，也将是新的工作流程及新的行业惯例。

因此，未来的协同设计，将不再是单纯意义上的设计交流、组织及管理手段，它将与 BIM 融合，成为设计手段本身的一部分。借助于 BIM 的技术优势，协同的范畴也将从单纯的设计阶段扩展到建筑全生命周期，需要设计、施工、运营、维护等各方的集体参与，因此具备了更广泛的意义，从而带来综合效率的大幅提升。

然而，普遍接受的 BIM 新理念并未普及到实践之中，这使得我们感觉有责任去正视和思考 BIM 设计的优势与不足。从理念到实践经历一个漫长的过程是必然的，并且多种现象表明该过程在我国可能要更长一些，但是这不应是我们回避问题的理由。

6.4 3D 设计

当前，2D 图样是我国建筑设计行业最终交付的设计成果，这是目前的行业惯例。因此，生产流程的组织与管理均围绕着 2D 图样的形成来进行（客观地说，这是阻碍 BIM 技术广泛应用的一个重要原因）。

2D 设计通过投影线条、制图规则及技术符号表达设计成果，图样需要人工阅读方能解释其含义。2D CAD 平台起到的作用是代替手工绘图，即我们常说的"甩图板"。2D 设计的优势在于四个方面：一是对硬件要求低（2D 平台是早期计算机唯一能够支持的 CAD 平台）；二是易于培训，建筑师和工程师在学习了 2D 基本绘图命令，相对于可以代替绘图板及尺规等基本工具以后，就可以开始工作了；三是灵活，用户可以随心所欲地通过图形线条表达设计内容，只要该建筑用 2D 图形可以表达，就不存在绘制不出来的问题。应该说，大多数的情况下，2D 的表达是可以满足建筑设计要求的；四是基于 2D CAD 平台有着大量的第三方专业辅助软件，这些软件大幅提高了 2D 设计的绘图效率。

除了日益复杂的建筑功能要求之外，人类在建筑创作过程中，对于美感的追求实际上永远是第一位的。尽管最能激发想象力的复杂曲面被认为是一种"高技术"和"后现代"的设计手法，实际上甚至远在计算机没有出现，数学也很初级的古代，人类就开始了对于曲面美的探索，并用于一些著名建筑之中。因此，拥有了现代技术的设计师们，自然更加渴望驾驭复杂多变、更富美感的自由曲面。然而，令 2D 设计技术汗颜的是，它甚至连这类建筑最基本的几何形态也无法表达。在这种情况下，3D 设计应运而生了。

3D 设计能够精确表达建筑的几何特征，相对于 2D 绘图，3D 设计不存在几何表达障碍，对任意复杂的建筑造型均能准确表现。在评选出的"北京当代十大建筑"中，首都机场 3 号航站楼、国家大剧院、国家游泳中心等著名建筑名列前茅，这些建筑的共同特点是无法完全由 2D 图形进行表达，这也预示着 3D 将成为进入高端设计领域的必由之路。

尽管 3D 是 BIM 设计的基础，但不是其全部。通过进一步将非几何信息集成到 3D 构件中，如材料特征、物理特征、力学参数、设计属性、价格参数、厂商信息等，使得建筑构件成为智能实体，3D 模型升级为 BIM 模型。BIM 模型可以通过图形运算并考虑专业出图规则自动获得 2D 图样，并可以提取出其他的文档，如工程量统计表等，还可以将模型用于建筑能耗分析、日照分析、结构分析、照明分析、声学分析、客流物流分析等诸多方面。

纯粹的 3D 设计，其效率要比 2D 设计低得多。地标性建筑可以不计成本，不计效率，但大众化的设计则不可取。可喜的是，为提高设计效率，主流 BIM 设计软件如 Autodesk Revit 系列、Bentley Building 系列，以及 Graphisoft 的 ArchiCAD 均取得了不俗的效果。这些基于 3D 技术的专业设计软件，用于普通设计的效率达到甚至超过了相同建筑的 2D 设计。

这些 BIM 设计软件的出现本是激动人心的事情，然而在经历了相当长的时期之后，在我国并没有真正普及。实际上，即使在其他国家，例如亚洲的邻国日本，BIM 设计技术也尚未广泛推广。

6.5 仿真分析及健康监测

对于复杂的预应力钢结构工程，其结构的设计是否安全合理是重中之重，真实的结构信息也能为相应的结构设计分析提供良好的基础。可通过技术路线和建模流程图，建立 BIM 结构模型。同时，基于建立的 BIM 结构模型，提取其中的信息，与 Ansys 和 Midas 等有限元计算软件进行交流和传递，进行相关结构分析与计算，Ansys 根据反馈的资料输入 Revit，重新找形，实现结构的合理分析设计。也可以通过数据接口将 Revit 模型导入 Midas 对钢结构进行设计分析；基于 Revit 模型接口 Ansys 对索网系结构进行设计；根据设计分析结果资料输入 Revit，更新 BIM 模型。同时，BIM 模型也可导出到相关软件进行专业分析，如建筑耗能分析（DOE-2/EnergyPlus）、自然采光分析（IES/Radiance）、CFD 模拟和分析（STAR-CD）和照明优化工具（IES）等，如图 6-1、图 6-2 所示。

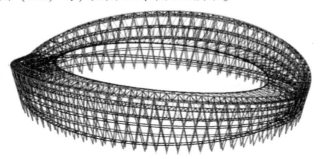

图 6-1　盘锦体育场 BIM 结构模型

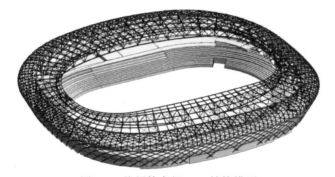

图 6-2　徐州体育场 BIM 结构模型

　　利用模型提供的精准信息，建筑师可对建筑物进行能耗分析、绿色认证、安全监测等一系列的分析计算工作，把控工程的各项应用参数能够符合建设方的预期要求，在过程中不断进行监测，确保工程的各项参数能够实时进行测算，保证各项评测指标参数控制在限差范围内，最终实现建筑的设计预期，保障施工安全和各项施工目标的实现，如图 6-3 ~ 图 6-7 所示。

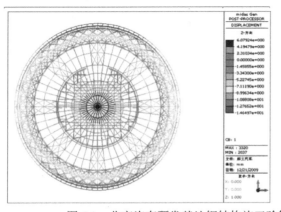
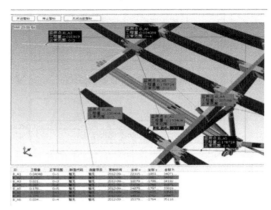

图 6-3　北京汽车研发基地钢结构施工验算及深圳大运会会场钢结构施工安全监测

建筑中使用	VOC限值 [g/L less water]	专业使用	VOC限值 [g/L less water]
室内地毯胶	50	PVC焊接	510
地毯垫胶	50	CPVC焊接	490
木地板胶	100	ABS焊接	325
橡胶地板胶	60	塑料粘接溶接	250
基层胶	50	塑料底胶	550
瓷砖胶	65	界面胶	80
VCT & Asphalt Adhesives	50	专用界面胶	250
干墙和壁板胶	50	木制结构件胶	140
Cove Base Adhesives	50	橡胶衬里片材施工	850
多功能施工胶	70	端部粘接	250
结构玻璃胶	100		

底层使用	VOC限值 [g/L less water]	密封剂	VOC限值 [g/L less water]
金属对金属	30	建筑用	250
塑料泡沫	50	非膜层屋面	300
空隙材料（除木材）	50	道路	250
木材	30	单层屋面膜	450
纤维玻璃	80	其他	420

密封剂底胶	VOC限值[g/L less water]
建筑，非多孔	250
建筑，多孔	775
其他	750

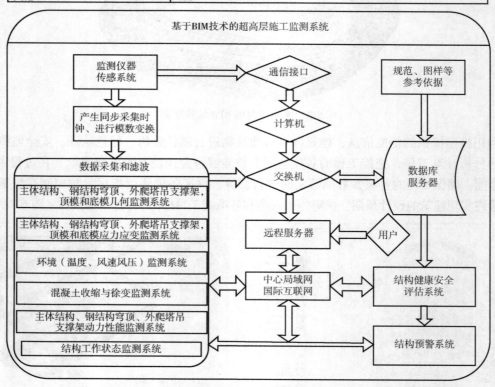

图 6-4　基于 BIM 技术的超高层施工监测系统

图 6-5　国家体育馆永久健康监测系统

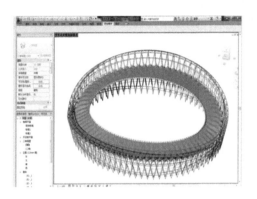

图 6-6　徐州奥体中心工程钢结构预应力分析

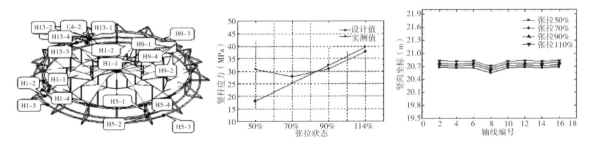

图 6-7　内环梁应力测点布置图及监测值域设计值对比

6.6　复杂节点计算

采用参数化辅助 BIM 技术对整个工程和所有节点进行详细建模，以保证拉索下料长度及节点加工制作的精确性，并对关键节点进行有限元分析，对节点构造和外形进行优化，以保证节点受力的安全性。

1）节点计算简图如图 6-8 所示。

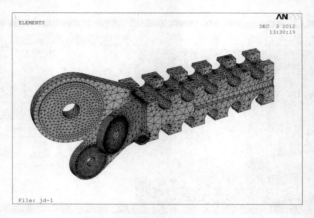

图 6-8　环索索夹节点 3D 图

　　环索拉力取最大值 5100t，取环索曲率最大处的节点进行有限元分析。根据力的平行四边形法则，并乘以放大系数 1.1、1.3，得到每根环索作用于节点上的垂直力为 1030kN。

　　2）线弹性计算结果如图 6-9、图 6-10 所示。

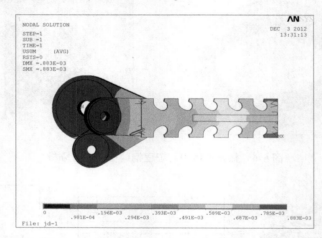

图 6-9　位移云图（单位：m）

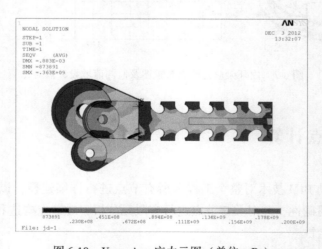

图 6-10　Von-mises 应力云图（单位：Pa）

可以看出，节点的变形为 0.88 mm，说明节点的刚度很好，铸钢节点与环索接触部分的最大等效应力均在 200MPa 以下，承载力能满足要求。

3）弹塑性计算结果

根据《铸钢节点应用技术规程》的规定：用弹塑性有限元分析结果确定铸钢节点的承载力时，承载力设计值不应大于极限承载力的 1/3。

根据以上要求，将铸钢节点所承受的荷载乘以 3 倍的放大系数，在计算过程中考虑几何非线性和材料非线性的影响，对铸钢节点的极限承载力进行分析。

结果如图 6-11、图 6-12 所示。

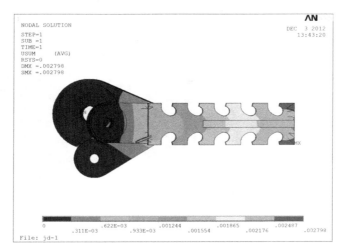

图 6-11　位移云图（单位：m）

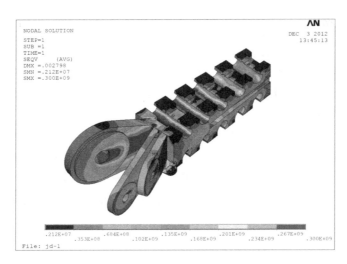

图 6-12　Von-mises 应力云图（单位：Pa）

可以看出，节点的最大变形为 2.8 mm，铸钢材质屈服强度取 300MPa，除应力云图上部分区域进入塑性外，节点的大部分区域仍处于弹性状态，因此，节点的极限承载力满足要求。

6.7 效果图及动画展示

BIM 系列软件具有强大的建模、渲染和动画功能，通过 BIM 可以将专业、抽象的 2D 建筑描述通俗化、3D 直观化，使得业主等非专业人员对项目功能性的判断更为明确、高效，决策更为准确。从而使规划方案能够进行预演，方便业主和设计方进行场地分析、建筑性能预测和成本估算，对不合理或不健全的方案进行及时的更新和补充，某服务中心规划方案 BIM 展示如图 6-13 所示。

另外，如果设计意图或者使用功能发生改变，基于已有 BIM 模型，可以在短时间内修改完毕，效果图和动画也能及时更新。并且，效果图和动画的制作功能是 BIM 技术的一个附加功能，其成本较专门的动画设计或者效果图制作，成本会大大降

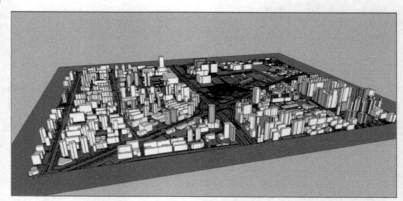

图 6-13　某服务中心规划方案 BIM 展示

低，从而使得企业在较少的投入下获得更多的回报。

1）积极推进协同设计技术的普及应用，通过协同设计技术改变工程设计的沟通方式，减少"错漏碰缺"等错误的发生，提高设计产品质量。

2）探索研究基于 BIM 技术的 3D 设计技术，提高参数化、可视化和性能化设计能力，并为设计施工一体化提供技术支持。

3）积极探索项目全生命期管理（PLM）技术的研究和应用，实现工程项目全生命周期信息的有效管理和共享。

4）研究高性能计算技术在各类超高、超长、大跨等复杂工程设计中的应用，解决大型复杂结构高精度分析、优化和控制等问题，促进工程结构设计水平和设计质量的提高。

5）推进仿真模拟和虚拟现实技术的应用，方便客户参与设计过程，提高设计质量。

6）探索研究勘察设计成果电子交付与存档技术，逐步实现从传统文档管理到电子文档管理的转变。

6.8 碰撞检测

6.8.1 常见碰撞内容

1）建筑与结构专业：标高、剪力墙、柱等位置不一致，或梁与门冲突。

2）结构与设备专业：设备管道与梁柱冲突。

3）设备内部各专业：各专业与管线冲突。

4）设备与室内装修：管线末端与室内吊顶冲突。

6.8.2 土建专业与设备专业模型交叉碰撞检测

项目有了各专业精确的3D模型，指定链接主文件的模型，向其他所有模型以轴网坐标为基准，链接到该模型之中并形成综合模型，设计师们可以在其中一探究竟，提前看到项目设计效果，合理评估并做出设计优化决策。BIM模型真正地为设计提供了模拟现场施工碰撞检查平台，在这平台上完成仿真模式现场碰撞检查。

例如，结构与给水排水碰撞检测出有两千多个碰撞疑点等。分析碰撞疑点原因诸多，传统设计是设备重力流（管道）有标高，非重力流（管道）制图习惯没有标高，只给各种设备管道设计原则，而3D设计要求尺寸精确；这里以结构模型作参照物与设备链接碰撞设置，相对合理些，主要缩小碰撞检测范围，更易于快速定位检测点。通过碰撞检测，设计方将问题分类：

1）重大问题需要业主协调各方共同解决。

2）由设计方解决的问题。

3）由施工现场解决的问题。

4）因未定因素（如设备）而遗留的问题。

5）因需求变化而带来的新问题。

对于设计方解决的问题，通过多次召集各专业主要骨干参加的3D可视化协调会议，把过去复杂的问题简单化，同时责任明确，顺利完成管线综合设计、优化设计，得到业主的认可。其他问题，设计方通过3D模型截图、漫游文件等协助业主解决。

6.8.3 碰撞报告及碰撞点优化

施工过程中相关各方有时需要付出几十万、几百万、甚至上千万的代价来弥补由设备管线碰撞引起的拆装、返工和浪费。传统2D图样设计中，在结构、水暖、电力等各专业设计图样汇总后，由总工程师人工发现和协调问题。采用2D设计图来进行会审，人为的失误在所难免，使施工出现返工现象，造成建设投资巨大浪费，并且还会影响施工进度。

传统的2D图样设计中，在结构、水暖电等各专业设计图样汇总后，由总图工程师人工发现和解决不协调问题，这将耗费设计师大量时间和精力，影响工程进度和质量。BIM技术在3D碰撞检查中的应用已经比较成熟，国内外也都有相关软件可以实现。像设计阶段的Navisworks，施工阶段的虚拟碰撞软件，这些软件都是应用BIM可视化技术，设计人员在建造之前就可以对项目的土建、管线、工艺设备等进行管线综合及碰撞检查，不但能够彻底消除硬碰撞、软碰撞，优化工程设计，减少在建筑施工阶段可能存在的错误损失和返工的可能性，而且优化净空和管线排布方案。最后施工人员可以利用碰撞优化后的3D管线方案，进行施工交底、施工模拟，提高施工质量，同时也提高了与业主沟通的能力。

碰撞检测主要是管线综合的碰撞检查，包括管道专业系统内部检查、暖通专业系统内部检查、电气专业系统内部检查、管道、暖通、电气、结构专业之间检查等，并在计算机上以表格的形式命名，碰撞报告标签命名规则如图6-14所示。

采用轻量化模型技术，把各专业 3D 模型数据以直观的模式，存储于展示模型中，模型碰撞信息采用"碰撞点"和"标识签"进行有序标识，通过结构树形式的"标识签"可直接定位到碰撞位置。提供碰撞点的具体位置与碰撞信息，如该碰撞点是管道专业与暖通专业碰撞的第 14 个点，为管道专业的自动喷。碰撞检查及处理如图 6-15 所示。

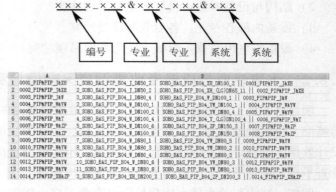

图 6-14　碰撞报告标签命名规则

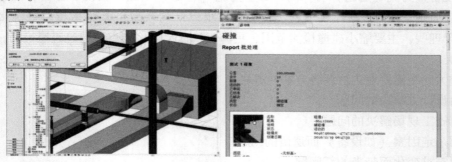

图 6-15　BIM 3D 碰撞检查与处理

碰撞检测报告生成后对管线进行优化，管线优化设计注意事项如下：

1）尽量少改动，3D 管线优化设计只对非改动不可的管线进行优化设计，比如：管线穿梁、碰柱、穿吊顶等情况，属于硬碰撞，非改不可；阀门等附件碰柱，只需调整安装方向即可避免碰撞的，属于软碰撞，可以不修改，以减少设计人员的工作量。

2）需满足建筑专业要求，对于不满足净高的空间，就算管线没有碰撞，也需要进行优化设计。

3）管线优化设计时，应预留安装、检修空间。

6.8.4　辅助设计过程质量控制

1）辅助管线综合设计，如图 6-16 所示。

消防和结构碰撞检查　　B2给水和结构碰撞　　通气管和结构梁碰撞　　给水和结构梁碰撞

图 6-16　辅助管线综合设计

2）设计全过程质量控制——建筑净高控制，如图 6-17 所示。

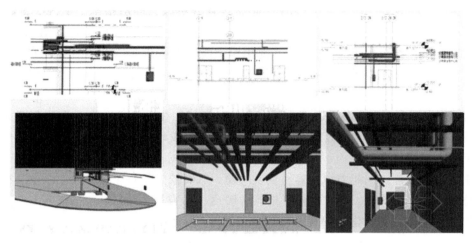

B1-25地下室车道入口坡道检测　　　B1-6车库净高检测　　　B2-17机房过道净高检测

图 6-17　建筑净高控制

3）设计全过程质量控制——关键点碰撞检测，如图 6-18 所示。

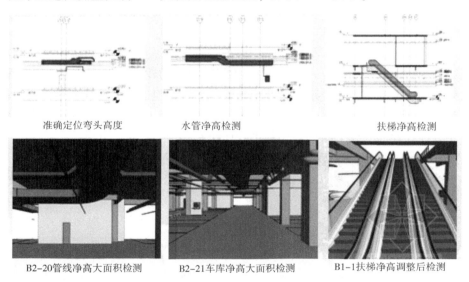

准确定位弯头高度　　　水管净高检测　　　扶梯净高检测

B2-20管线净高大面积检测　　　B2-21车库净高大面积检测　　　B1-1扶梯净高调整后检测

图 6-18　关键点碰撞检测

6.9　设计变更

设计变更直接影响工程造价，更改的时间和因素可能是无法掌控的，施工过程中反复变更待图导致工期和成本的增加，而变更管理不善导致进一步的变更，使得成本和工期目标处于失控状态。BIM 应用有望改变这一局面。

美国斯坦福大学整合设施工程中心（CIFE）根据对 32 个项目的统计分析总结了使用 BIM 技术后产生的效果，认为它可以消除 40% 预算外更改，即从根本上从源头上减少变更的发生。可视化建筑信息模型更容易在形成施工图前修改完善，设计师直接用 3D 设计可以更容易发现错误，修改也更容易，3D 可视化模型能够准确地再现各专业系统的空间布局、管线走向，专业冲突一览无遗，提高设计深度，实现 3D 校审，大大减少"错碰漏缺"现象，在设计成果交付前消除设计错误可以减少设计变更。而传统的 2D 设计"错碰漏缺"几乎是不可避免的。使用 2D 图样进行协调综合的时候，往往是事倍功半，需要花费大量的时间去发现问题，却往往只能发现部分表面的问题，很难发现根本性问题，那么，必然会带来工程后续的大量设计变更。

BIM 能增加设计协同能力，更容易发现问题，从而减少各专业间冲突。一个工程项目设计涉及总图、建筑、结构、给水排水、电气、暖通、动力，除此之外包括许多专业分包如幕墙、网架、钢结构、智能化、景观绿化等，它们之间如何交流协调协同？用 BIM 协调流程进行协调综合，那么协调综合过程中的不合理方案或问题方案也就不会出现了，使设计变更大大减少。BIM 技术可以做到真正意义上的协同修改，大大节省开发项目的成本。BIM 技术改变以往"隔断式"设计方式、依赖人工协调项目内容和分段。

6.10 图样会审

按照 2D 设计图样，利用 Revit 等系列软件创建项目的建筑、结构、机电 BIM 模型，可对设计结果进行动态的可视化展示，使业主和施工方能直观地理解设计方案，检验设计的可施工性，可以直观地检查到图样相互矛盾、无数据信息、数据错误等方面的图样问题，在施工前能预先发现存在的问题，帮助图样会审，如图 6-19 所示。

图 6-19　BIM 建模配合图样会审

简 述 题

BIM 技术对于传统协同设计的设计方法提升，体现在哪几方面？

答：BIM 技术对于传统协同设计的设计方法提升主要体现在以下方面：

1）从二维设计转向三维设计

2）从线条绘图转向构件布置；从单纯几何表现转向全信息模型集成

3）从各工种单独完成项目转向各工种协同完成项目

4）从离散的分步设计转向基于同一模型的全过程整体设计

5）从单一设计交付转向建筑全生命周期支持。

第**7**章 施工方BIM项目管理与应用

导读：本章主要从深化设计、施工模拟、质量管理、进度管理、安全管理等五个方面分别介绍 BIM 技术在施工阶段的应用。首先从技术方案展示和工程量的计算及报价两方面介绍招标投标阶段的 BIM 技术的应用；然后介绍 BIM 技术在深化设计阶段的应用，包括管线综合深化设计、土建结构深化设计、钢结构深化设计和幕墙深化设计；接着介绍 BIM 技术在建造准备阶段的虚拟施工管理的应用，如施工方案管理、关键工艺展示和施工过程模拟；而后介绍 BIM 技术在建造阶段的管理应用，包括预制加工管理、进度管理、质量管理、安全管理、成本管理、物资管理、绿色施工管理和技术资料管理；最后简单介绍 BIM 技术在竣工交付阶段的应用。

7.1 施工方 BIM 应用需求

施工方是项目的最终实现者，是竣工模型的创建者，施工企业的关注点是现场实施，关心 BIM 如何与项目结合，如何提高效率和降低成本，因此施工方更希望 BIM 带来的是：

1）理解设计意图。可视化的设计图样会审能帮助施工人员更快更好地解读工程信息，并尽早发现设计错误，及时进行设计联络。

2）降低施工风险。利用模型进行直观的"预施工"，预知施工难点，更大程度地消除施工的不确定性和不可预见性，保证施工技术措施的可行、安全、合理和优化。

3）把握施工细节。在设计方提供的模型基础上进行施工深化设计，解决设计信息中没有体现的细节问题和施工细部做法，更直观更切合实际地对现场施工工人进行技术交底。

4）更多的工厂预制。为构件加工提供最详细的加工详图，减少现场作业、保证质量。

5）提供便捷的管理手段。利用模型进行施工过程荷载验算、进度物料控制、施工质量检查等。

7.2 施工方 BIM 应用目标

1）在施工阶段开展 BIM 技术的研究与应用，推进 BIM 技术从设计阶段向施工阶段的应用延伸，降低信息传递过程中的衰减。

2）继续推广应用工程中的施工组织设计、施工过程变形监测、施工深化设计、大体积混凝土计算机测温等计算机应用系统。

3）推广应用虚拟现实和仿真模拟技术，辅助大型复杂工程施工过程管理和控制，实现事前控制和动态管理。

4）在工程项目现场管理中应用移动通信和射频技术，通过与工程项目管理信息系统结合，实现工程现场远程监控和管理。

5）研究基于 BIM 技术的 4D 项目管理信息系统在大型复杂工程施工过程中的应用，实现对建筑工程有效的可视化管理。

6）研究工程测量与定位信息技术在大型复杂超高建筑工程以及隧道、深基坑施工中的应用，实现对工程施工进度、质量、安全的有效控制。

7）研究工程结构健康监测技术在建筑及构筑物建造和使用过程中的应用。

7.3 施工方 BIM 主要应用点

据统计，全球建筑行业普遍存在生产效率低下的问题，其中 30% 的施工过程需要返工，60% 的劳动力被浪费，10% 的损失来自材料的浪费。庞大的建筑行业被大量建筑信息的分离、设计的错误和变更、施工过程的反复进行而分解得支离破碎。BIM 应用系统创建的虚拟建筑模型是一个包含了建筑所有信息的数据库，因此可以将 3D 建筑模型同时间、成本结合起来，从而对建设项目进行直观的施工管理。BIM 技术在建筑结构施工中，主要包含 3D 碰撞检查、算量、虚拟建造和 4D 施工模拟等技术，具体应用如下。

建筑设计与施工行业技术发展大致经过了两个标志性阶段：第一次技术革命，从原来由绘图板制图到 CAD 辅助设计；第二次技术革命，从 CAD 辅助制图到 BIM 3D 设计，完成了从 2D 到 3D 出图的技术革新。

目前，基于 BIM 的 3D 可视化和海量数据库的特点，在企业里有如下比较集中的应用：

1）方案比对，优化设计。由于 BIM 是参数化设计，工程师可以快速生成多种施工方案模型提交比对，而且可以便利快捷地进行修改。同时，由于 BIM 承载了大量的建筑信息，可以让设计者轻松地进行各种能耗、光照、风动等分析，对方案不断进行优化，最大限度地满足业主的需求。

2）碰撞检查，减少返工。BIM 最直观的特点在于 3D 可视化，利用 BIM 的 3D 技术在前期可以进行碰撞检查，优化工程设计，减少在建筑施工阶段可能存在的错误损失和返工，而且能优化净空，优化管线排布方案，最后施工人员可以利用碰撞优化后的 3D 管线方案，进行施工交底、施工模拟，提高施工质量，同时也提高了与业主沟通的能力。

3）施工图深化，参数检测。基于 BIM 模型生成高质量的设计施工图样，是 BIM 技术在项目设计阶段价值的体现，为后续的高质量施工、监理和运营维护奠定基础。在建立 BIM 模型过程中输入了许多设备参考信息，包括构件、设备、管线的材质、型号、安装高度、安装方式等，因此有别于利用 2D 平面进行管线综合，无须再从设计说明、设备手册等文件资料中寻找所需要的信息。

4）虚拟施工，有效协同。3D 可视化功能再加上时间维度，可以进行虚拟施工。随时随地直观快速地将施工计划与实际进展进行对比，同时进行有效的协同，施工方、监理方、甚至非工程行业出身的业主领导都对工程项目的各种问题和情况了如指掌。这样通过 BIM 技术结合施工方案、施工模拟和现场视频监测，大大减少建筑质量问题、安全问题，减少返工和整改。

5）虚拟呈现，宣传展示。3D 渲染动画，给人以真实感和直接的视觉冲击。建好的 BIM

模型可以作为二次渲染开发的模型基础，大大提高 3D 渲染效果的精度与效率，可以给业主更为直观的宣传介绍，也可以进一步为房地产公司开发出虚拟样板间等延伸应用。

6）快速算量，提升精度。BIM 通过建立 5D 关联数据库，可以准确快速计算工程量，提升施工预算的精度与效率。由于 BIM 数据库的数据粒度达到构件级，可以快速提供支撑项目各条线管理所需的数据信息，有效提升施工管理效率。BIM 技术还能自动计算工程实物量，这个属于较传统的算量软件的功能，在国内的应用案例非常多。

7）数据调用，支持决策。BIM 数据库中的数据具有可计量的特点，大量工程相关的信息可以为工程提供数据后台的巨大支撑。BIM 中的项目基础数据可以在各管理部门进行协同和共享，工程量信息可以根据时空维度、构件类型等进行汇总、拆分、对比分析等，保证工程基础数据及时、准确地提供，为决策者制订工程造价项目群管理、进度款管理等方面的决策提供依据。

8）精确计划，减少浪费。企业精细化管理很难实现的根本原因在于海量的工程数据，企业无法快速准确地获取以支持资源计划，致使经验主义盛行。而 BIM 的出现可以让相关管理线路快速准确地获得工程基础数据，为企业制订精确的"人材机"计划提供有效支撑，大大减少了资源、物流和仓储环节的浪费，为实现限额领料和消耗控制提供了技术支撑。

9）多算对比，有效管控。管理的支撑是数据，项目管理的基础就是工程基础数据的管理，及时、准确地获取相关工程数据就是项目管理的核心竞争力。BIM 数据库可以实现任一时点上工程基础信息的快速获取，通过合同、计划与实际施工的消耗量、分项单价、分项合价等数据的多算对比，可以了解项目运营是盈是亏，消耗量有无超标，进货分包单价有无失控等问题，实现对项目成本风险的有效管控。

7.4 施工阶段 BIM 实施计划

施工阶段 BIM 实施计划见表 7-1。

表 7-1　施工阶段 BIM 实施计划

工作内容	完成时间及结果
BIM 团队的组建	合同签订前完成核心建模人员的召集工作，合同签订后 10 日内完成整体 BIM 团队的组建工作
BIM 执行计划书	合同签订后 20 日内完成
核对及完善设计阶段 BIM 模型	合同签订后，施工阶段最初 BIM 模型创建前完成
施工阶段 BIM 模型创建及维护	合同签订后 40 日内完成施工阶段模型的创建
BIM 模型的协调、集成	在出具竣工证明前，总承包完成各专业 BIM 竣工模型的整合及验收
基于 BIM 模型完成施工图会审和深化设计	和图样会审一起完成，提交给业主
碰撞检测	在相应部位施工前一个月完成
4D 施工模拟及进度计划优化	在相应部位施工前一个月完成
自动构件统计	收到设计变更和图样会审确认单后 14 日内完成
预制作构件的数字化加工模拟	配合钢结构深化设计、制作、安装同时进行

7.5 BIM 模型建立及维护

7.5.1 BIM 建立

1）总承包单位对设计图样进行深化，在工程开始阶段就建立 BIM 模型。

2）仔细核对由设计单位提供的设计图样、设备信息和 BIM 创建所需数据。

3）组织设计和业主代表召开 BIM 模型及相关资料法人交接会。

4）根据设计和业主的补充信息，完善 BIM 模型。

5）提交给建设单位的 BIM 项目文档，由总承包商开发一种文件命名和组织结构规则，并经建设单位批准。总承包商在项目运行期间应严格遵循这些规则。BIM 模型的创建如图 7-1 所示。

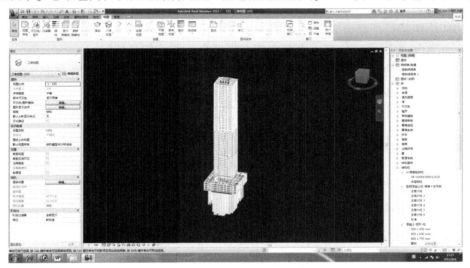

图 7-1　BIM 模型的创建

结合招标文件要求，在创建 BIM 模型的同时，应根据表 7-2 内容的适用性在施工过程中完善和维护相关资料。

表 7-2　BIM 模型管理协议和流程

序号	模型管理协议和流程	适用于本项目（是或否）	详细描述
1	模型起源点坐标系统、精密程度、文件格式和单位	是/否	是/否
2	模型文件存储位置（年代）	是/否	是/否
3	流程传递和访问模型文件	是/否	是/否
4	命名约定	是/否	是/否
5	流程聚合模型文件（从不同软件平台）	是/否	是/否
6	模型访问权限	是/否	是/否
7	设计协调和冲突检测程序	是/否	是/否
8	模型安全需求	是/否	是/否

7.5.2 施工过程中的维护

1）总承包单位在施工阶段对 BIM 模型进行维护，保证施工顺利进行，时时更新，确保 BIM 模型中的信息正确无误。

2）根据施工过程中的设计变更及深化设计，及时修改、完善 BIM 模型。

3）根据施工现场的实际进度，及时修改、更新 BIM 模型。

4）根据业主对工期节点的要求，上报业主与施工进度和设计变更相一致的 BIM 模型。

7.5.3 BIM 数据安全管理

1）BIM 小组采用独立的内部局域网，阻断与互联网的连接。

2）局域网内部采用真实身份验证，非 BIM 工作组成员无法登录该局域网，进而无法访问网站数据。

3）BIM 小组进行严格分工，数据存储按照分工和不同用户等级设定访问和修改权限。

4）全部 BIM 数据进行加密，设置内部交流平台，防止信息外漏。

5）BIM 工作组的计算机全部安装密码锁进行保护，BIM 工作组单独安排办公室，闲杂人员未经允许不能入内。

7.6 深化设计

7.6.1 基于 BIM 的深化设计主体职责

深化设计的最终成果是经过设计、施工与制作加工三者充分协调后形成的，需要得到建设方、原设计方和总承包方的共同认可。因此，对深化设计的管理要根据我国建设项目管理体系的设置，具体界定参与主体的责任，使深化设计的管理有序进行。

1）建设单位。建设单位负责 BIM 模型版本的管理与控制；督促总承包单位认真履行深化设计组织与管理职责；督促各深化设计单位如期保质地完成深化设计；组织并督促设计单位及工程顾问单位认真履行深化设计成果审核与确认职责；汇总设计单位及 BIM 顾问单位的审核意见，组织设计单位、BIM 顾问单位与总承包单位沟通，协调解决相关问题；负责深化设计的审批与确认。

2）设计单位。设计单位负责提供项目 BIM 模型；配合 BIM 顾问单位对 BIM 模型进行细化；负责对深化设计单位和人员进行设计交底；配合深化设计单位完成深化设计工作；负责深化设计成果的确认或审核。

3）BIM 顾问单位。BIM 顾问单位在基础模型中建立精装、幕墙、钢结构等专业 BIM 模型，以及重点设备机房和关键区域机电专业深化设计模型，对这些设计内容在 BIM 中进行复核，并向建设单位提交相应的碰撞检查报告和优化建议报告；BIM 顾问单位根据业主确认的深化设计成果，及时在 BIM 模型中做同步更新，以保证 BIM 模型正确反映深化设计方案调整的结果，并向建设单位报告咨询意见。

4）总承包单位。总承包单位应设置专职深化设计管理团队，负责全部深化设计的整体管理和统筹协调；负责制订深化设计实施方案，报建设单位审批后执行；根据深化设计实施方案的要求，在BIM模型中统一发布条件图；经建设单位签批的图样，由总承包单位在BIM模型中进行统一发布；监督各深化设计单位如期保质完成深化设计；在BIM模型的基础上负责项目综合性图样的深化设计；负责本单位直营范围内的专业深化设计；在BIM模型基础上实现对负责总承包单位管理范围内各专业深化设计成果的集成与审核；负责定期组织召开深化设计协调会，协调解决深化设计过程存在的问题。

5）机电主承包单位。机电主承包单位负责机电主承包范围内各专业深化设计的协调管理；在BIM模型基础上进行机电综合性图样（综合管线图和综合预留预埋图）的深化设计；负责本单位直营范围内的专业深化设计；负责机电主承包范围内各专业深化设计成果的审核与集成；配合与本专业相关的其他单位完成深化设计。

6）分包单位。分包单位负责本单位承包范围内的深化设计；服从总承包单位或机电主承包单位的管理；配合与本专业相关的其他单位完成深化设计。

7.6.2 施工总承包单位深化设计职责

总承包单位、机电主承包单位及各分包单位应在BIM基础上密切配合，完成和实现BIM模型的各项功能，确保深化设计内容真实反映到BIM模型内，并积极利用BIM技术手段指导施工管理。

总承包单位应统筹全专业包括建筑结构机电综合图样，并按要求提供BIM所需的各类信息和原始数据，建立本工程所有专业的BIM模型。

总承包单位需指定一名专职BIM负责人、相关专业（建筑、结构、水、暖、电、预算、进度计划、现场施工等）工程师组成BIM联络小组，作为BIM服务过程中的具体执行者，负责将BIM成果应用到具体的施工工作中。在采用BIM技术进行深化设计时应着重指出，BIM的使用不能免除总承包单位及其他承包单位的管理和技术协调责任。

7.6.3 深化设计组织协调

深化设计涉及建设单位、设计单位、顾问单位及承包单位等诸多项目参与方，应结合BIM技术对深化设计的组织与协调进行研究。

1）深化设计组织协调原则。深化设计的分工按"谁施工、谁深化"的原则进行。总承包单位就项目全部深化设计工作对建设单位负责；总承包单位、机电主承包单位和各分包单位各自负责其所承包（直营施工）范围内的所有专业深化设计工作，并承担其全部技术责任，其专业技术责任不因审批与否而免除；总承包单位负责根据建筑、结构、装修等专业深化设计编制建筑综合平面图、模板图等综合性图样；机电主承包单位根据机电类专业深化设计编制综合管线图和综合预留预埋图等机电类综合性图样；合同有特殊约定的，按合同执行。

2）深化设计的组织协调。总承包单位负责对深化设计的组织、计划、技术、组织界面等方面进行总体管理和统筹协调，其中应当加强对分包单位BIM访问权限的控制与管理，对下属施工单位和分包商的项目实行集中管理，确保深化设计在整个项目层次上的协调与一致。各专业承包单位均有义务无偿为其他相关单位提交最新版的BIM模型，特别是涉及不同专业的连接界面的深化设计时，其公共或交叉重叠部分的深化设计分工应服从总承包单位的协调安排，并且以总承包单位提供的 BIM 模型进行深化设计。

机电主承包单位负责对机电类专业的深化设计进行技术统筹，应当注重采用 BIM 技术分析机电工程与其他专业工程是否存在碰撞和冲突。各机电专业分包单位应服从机电主承包单位的技术统筹管理。某中心大厦钢结构施工图设计如图 7-2 所示。

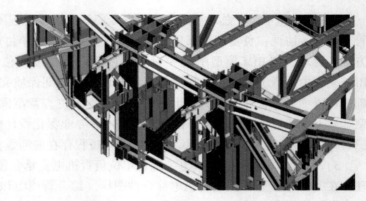

图 7-2　某中心大厦钢结构施工图设计

7.6.4　基于 BIM 的深化设计流程

1. 深化设计管理流程

基于 BIM 的深化设计流程不能够完全脱离现有的管理流程，但是必须符合 BIM 技术的特征，特别是对于流程中的每一个环节涉及 BIM 的数据都要尽可能地详尽规定。其深化设计管理流程如图 7-3 和图 7-4 所示。

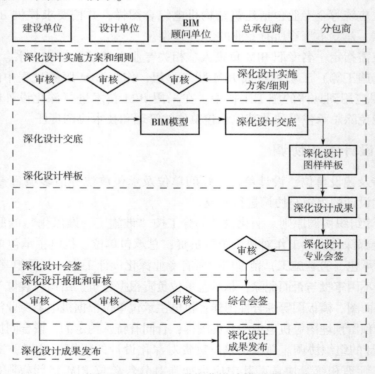

图 7-3　基于 BIM 的深化设计管理流程

2. 管线深化设计流程

机电管线综合深化：利用 BIM 技术手段，合并各个专业的 Revit 模型，并依据符合机电

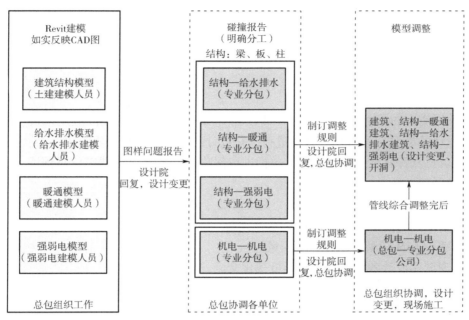

图 7-4　BIM 深化设计工作流程示意图

综合施工工艺、质量验收标准的《机电管线综合避让原则》调整模型。将问题解决在施工前期,避免在施工阶段发生冲突而造成不必要的浪费,解决设备管道空间碰撞问题,有效提高施工质量,加快施工进度,节约成本。管线综合深化设计流程如图 7-5 所示。

图 7-5　管线综合深化设计流程示意图

3. 钢结构深化设计流程

将 3D 钢筋节点布置软件与施工现场应用要求相结合,形成一种基于 BIM 技术的梁柱节点自动布置与施工方法。具体施工方法如下:建立 3D 结构形体模型;采用自主研发软件验证 CAD 图样,自动布置梁柱(钢骨、钢筋);检查碰撞,依据规范在 3D 视图中调整钢筋距离和位置;针对劲性钢结构,在钢筋避让钢骨柱翼缘处,依据规范和设计说明添加牛腿或套筒;模型拆分辅助钢筋施工工序的流程模拟;深化设计确认,车间加工构件;施工现场依据 2D 出图和钢筋施工工序模拟,指导现场施工。钢筋深化设计流程如图 7-6 所示。

图 7-6　钢筋深化设计流程示意图

4. 建筑及结构开洞深化设计流程

对比各专业图样的洞口预留信息，结合模型，以不同颜色表示出预留洞口不一致的情况，避免施工中出现大量对结构进行剔凿的情况，实现工程"零剔凿"。

7.6.5 BIM 深化设计要求

尽管不同类型的深化设计所需的 BIM 模型有所不同，但是从实际应用来讲，建设单位结合深化设计的类型，采用 BIM 技术进行深化设计应实现以下基本功能：

1）能够反映深化设计特殊需求，包括进行深化设计复核、末端定位与预留，加强设计对施工的控制和指导。

2）能够对施工工艺、进度、现场、施工重点、难点进行模拟。

3）能够实现对施工过程的控制。

4）能够由 BIM 模型自动计算工程量。

5）实现深化设计各个层次的全程可视化交流。

6）形成竣工模型，集成建筑设施、设备信息，为后期运营提供服务。

7.6.6 深化设计的类型

1）专业性深化设计。专业深化设计的内容一般包括：土建结构深化设计、钢结构深化设计、幕墙深化设计、电梯深化设计、机电各专业深化设计（暖通空调、给水排水、消防、强电、弱电等）、冰蓄冷系统深化设计、机械停车库深化设计、精装修深化设计、景观绿化深化设计等。这种类型的深化设计都应该在建设单位提供的专业 BIM 模型上进行。

2）综合性深化设计。对各专业深化设计初步成果进行集成、协调、修订与校核，并形成综合平面图、综合管线图。这种类型的深化设计着重与各专业图样的协调一致，应该在建设单位提供的总体 BIM 模型上进行。

7.6.7 管线综合深化设计

BIM 模型可以协助完成机电安装部分的深化设计，包括综合布管图、综合布线图的深化，可使用 BIM 模型技术改变传统的 CAD 叠图方式进行机电专业深化设计，应用软件功能解决水、暖、电、通风与空调系统等各专业间管线、设备的碰撞，优化设计方案，为设备及管线预留合理的安装及操作空间，减少占用使用空间，如图 7-7、图 7-8 所示。

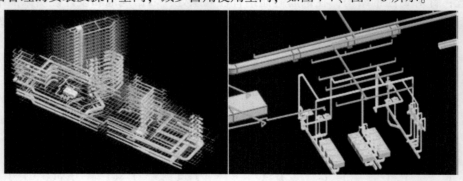

图 7-7　局部综合布管优化

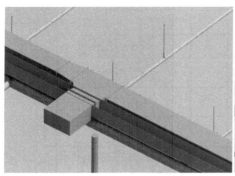

图 7-8 机电安装碰撞深化设计前后对比

　　针对工程管理中较为复杂的机电管线综合、钢结构节点、幕墙等，在多个工程中利用 BIM 技术辅助进行深化设计，利用 3D 模型直观、准确的特点进行管线排布、钢筋布置、幕墙节点细化等。在对深化效果进行确认后，出具相应的模型图片和 2D 图样，指导现场的材料采购、加工和安装，大大提高了工作效率。同时，还可结合工程应用需求，自主开发相应的支吊架布置计算、异形节点钢筋布置等软件，改变传统的管理模式，大大提高了深化设计工作的效率和质量，如图 7-9 ~ 图 7-13 所示。

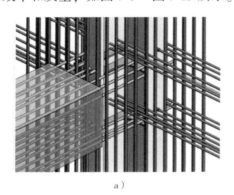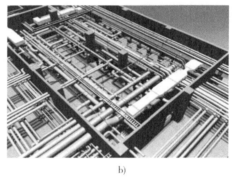

a）　　　　　　　　　　　　　　b)

图 7-9 钢筋及管线

a）北京绿地中心工程钢骨柱节点钢筋排布　b）喜来登某酒店机房管线排布

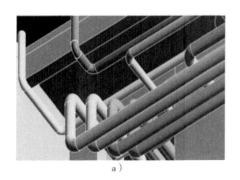

a）　　　　　　　　　　　　　　b）

图 7-10 管线排布模型与现场照片

a）北京绿地中心工程 3#楼 F4 层管线综合排布模型　b）北京绿地中心工程 3#楼 F4 层管线综合排布现场照片

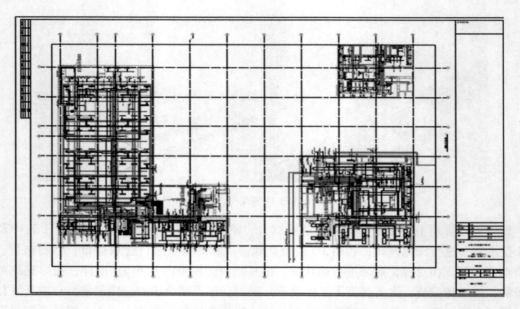

图 7-11　某数据中心工程综合管线深化图样

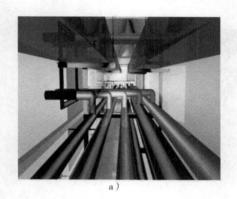

a)

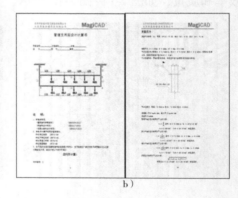

b)

图 7-12　管线设计

a) 加入支吊架的管线综合排布模型　b) 管道支吊架设计计算书

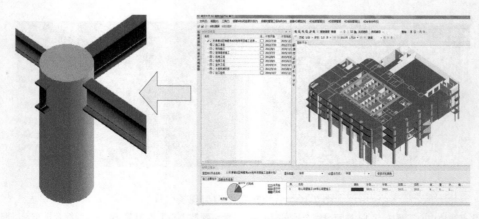

图 7-13　节点图

7.6.8　复杂节点深化设计

传统的 2D 图样设计中，碰撞检查需要在各专业设计图样汇总后才能实施，这将耗费大量时间，影响工程进度。采用 BIM 技术建立虚拟模型，对项目的土建结构与门窗等构件进行碰撞检查并优化设计方案，可减少在工程施工阶段可能存在的错误损失和返工的可能性，3D 碰撞检查与优化的情况如图 7-14 所示。

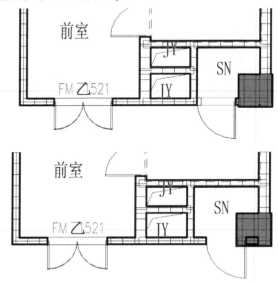

图 7-14　优化前后对比

BIM 模型可以对土建结构部分进行深化设计，包括对预留洞口、预埋件位置及各复杂部位等施工图样深化。对关键复杂的墙板可进行拆分，解决钢筋绑扎顺序问题，指导现场钢筋绑扎施工，如图 7-15 所示。

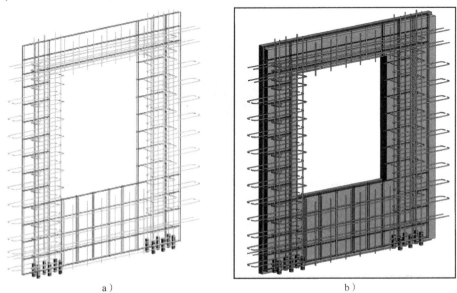

a）　　　　　　　　　　　　　　　　　b）

图 7-15　复杂墙板拆分

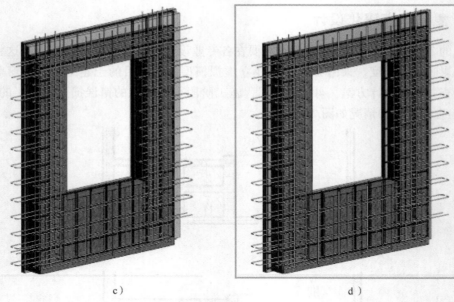

c) 　　　　　　　　　　　　　　　　　d)

图 7-15　复杂墙板拆分（续）

对钢网架复杂节点可采用 BIM 技术进行深化设计，提前对重要部位的安装进行动态展示、施工方案预演和比选，采用 3D 模型指导施工，从而更加直观地传递施工意图，避免返工，如图 7-16 和图 7-17 所示。

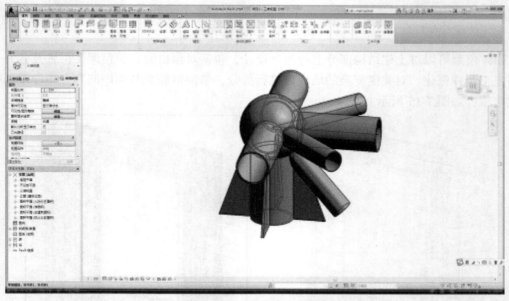

图 7-16　Revit 网架支座 3D 模型

BIM 模型可以对关键复杂的劲性钢结构与钢筋的节点进行放样分析，解决钢筋绑扎顺序问题，指导现场钢筋绑扎施工，如图 7-18 和图 7-19 所示。

7.6.9　玻璃幕墙深化设计

玻璃幕墙深化设计时可利用 Revit 建立幕墙深化设计模型，明确幕墙与结构连接节点、

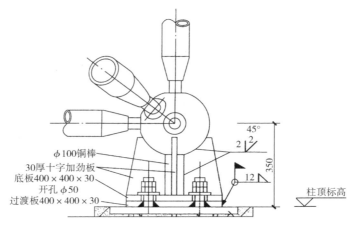

φ100铜棒
30厚十字加劲板
底板400×400×30
开孔 φ50
过渡板400×400×30

45°
2   2
350
12
柱顶标高

图 7-17　Revit 网架支座深化设计施工图

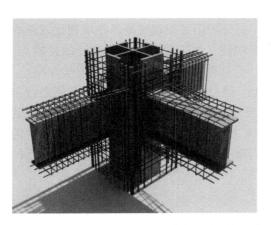

图 7-18　角柱十字型钢及钢梁节点钢筋绑扎 BIM 模型

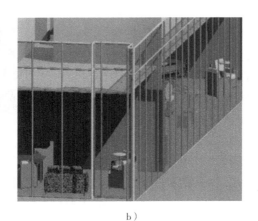

a）　　　　　　　　　　　　　　　　b）

图 7-19　模型深化

a）徐州奥体中心钢结构节点深化模型　b）绿地中心工程某楼层幕墙效果展示模型

幕墙分块大小、缝隙处理、外观效果和安装方式，用模型指导施工及幕墙加工制作。某工程幕墙深化设计 BIM 模型如图 7-20 和图 7-21 所示。

图 7-20　某工程幕墙深化设计 BIM 模型一

图 7-21　某工程幕墙深化设计 BIM 模型二

7.7　施工模拟

　　虚拟建造技术是实现概念设计的有效手段，它是利用虚拟现实技术在可视化方面的强大优势以及可交互式功能，对建筑物的外观、环境功能、施工等方面进行交互的建模与分析，要求虚拟建造的模型能够反映物理原型的特性（包括外观、空间关系以及力学性质）。用户应能从不同的角度，以不同的比例观察虚拟模型，通过操纵原型对建筑物的功能进行定性判断。采用 BIM 技术可以很好地达到上述功能和要求，能够利用 BIM 建立虚拟建筑模型（图7-22），进行施工方法试验、施工过程模拟及施工方案优化，达到"先试后建"的目的，可以排除施工过程中的错误及风险、对比分析不同施工方案的可行性、实现虚拟环境下的施工周期管理。

　　施工进度是整个施工过程中的重要控制内容，进度计划、资源安排、技术力量、方案、天气情况、建材运输等都是影响施工进度的关键因素。然而，实际实施情况往往与制订的进度计划偏差较大，并且随着施工进展，进度滞后的情况将逐步累积。如果冲突不能得到及时处理和修正，矛盾将被不断扩大，甚至影响工程质量和施工安全。采用 BIM 技术，可以实现 4D 施工模

图 7-22　某别墅的 BIM 虚拟建造模型

拟，该技术将建筑物及施工现场 3D 模型与施工进度相结合，并与施工资源和场地布置信息集成一体，引入时间维度，建立 4D 施工信息模型。某建筑的 4D 施工模拟如图 7-23 所示。通过 4D 施工模拟，可以直观地体现施工的界面、顺序，从而使总承包更容易与各专业分包进行施工协调和管理。将 4D 施工模拟与施工组织方案相结合，可以使设备材料进场、劳动力配置、机械排班等各项工作安排得更加经济合理。4D 施工模拟技术可以跟踪项目进程，检验施工进度计划是否合理有效，快速辨别实际进度是否提前或滞后，从而避免工程质量和施工安全等方面出现问题。

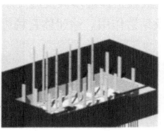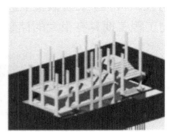
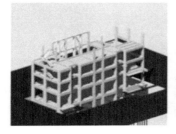

图 7-23　某建筑的 4D 施工模拟

为保证工程顺利进行可采用 BIM 技术建立虚拟建筑模型（图 7-24），从不同的角度观察虚拟模型，对建筑物的外观、环境功能、施工等方面进行交互的建模与分析；然后进行施工方法试验、施工过程模拟及施工方案优化，对比分析不同施工方案的可行性，实现施工可视化动态模拟，如图 7-25 所示。

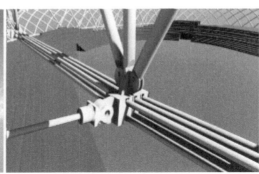

图 7-24　徐州体育场虚拟建筑模型

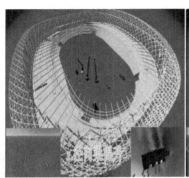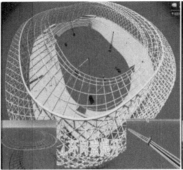

图 7-25　徐州体育场 4D 施工模拟

用 Navisworks 来模拟施工进度或施工详细步骤及施工中需要特别注意的地方，对施工的安全与工程工期具有很大的控制及预警作用。徐州体育场施工模拟动画截图如图 7-26 所示。

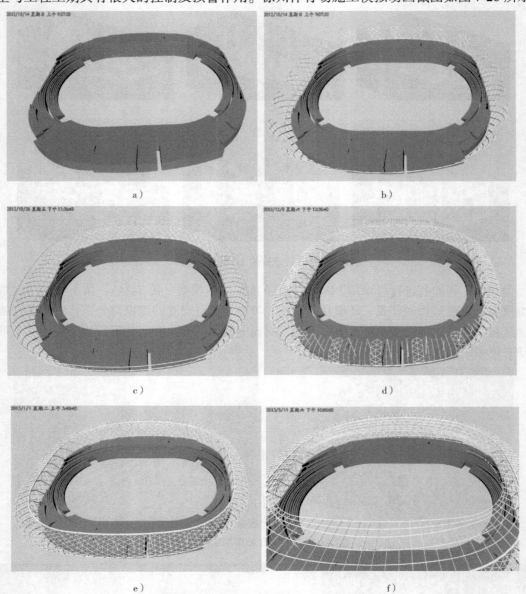

图 7-26　徐州体育场施工模拟动画截图
a）看台施工　b）钢结构柱安装　c）外环梁安装施工一　d）上部钢结构安装
e）外环梁安装施工二　f）拉索张拉施工

7.7.1　土建施工模拟

针对主体结构施工过程，可展示重要施工环节动画，利用已完成 BIM 模型进行动态施工方案模拟，对比分析不同施工方案的可行性，提供可视化现场各阶段平面布置及分析，并可按甲方指令进行动态调整。施工模拟过程如图 7-27、图 7-28 所示。

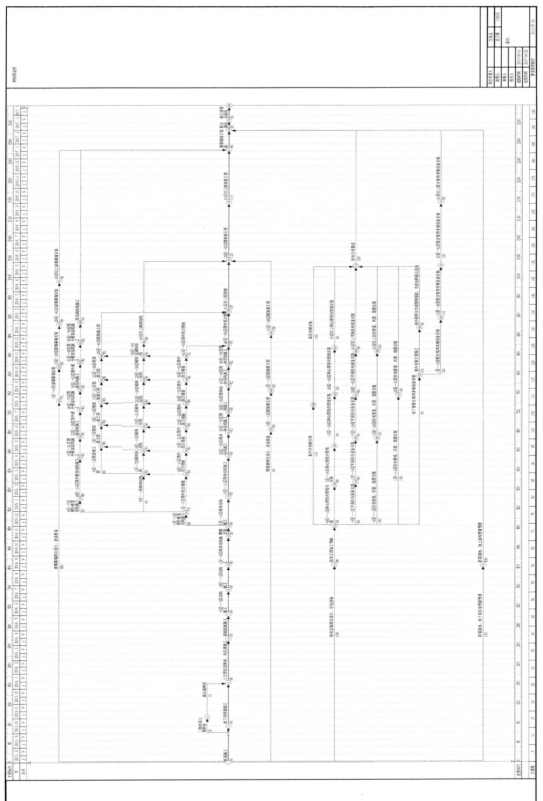

图7-27 施工进度计划网络图

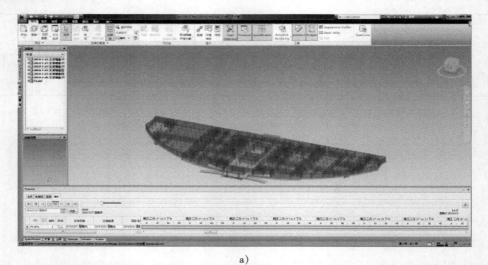

a)

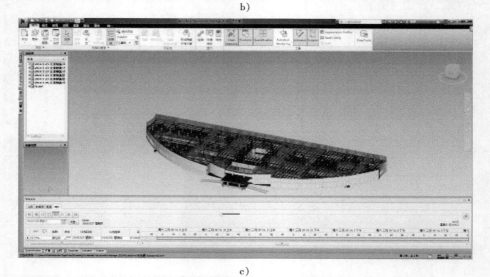

b)

c)

图 7-28　土建部分 4D 施工模拟过程

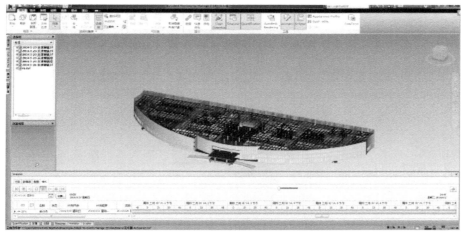

d)

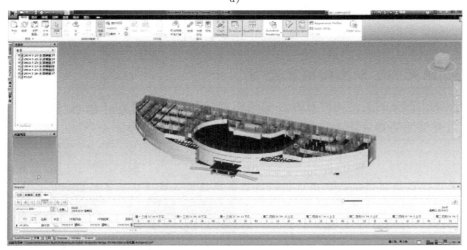

e)

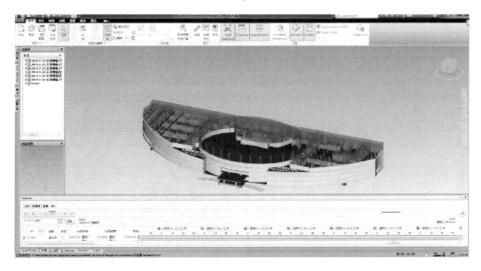

f)

图 7-28　土建部分 4D 施工模拟过程（续）

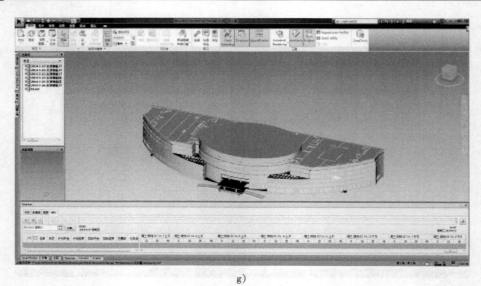

g)

图 7-28 土建部分 4D 施工模拟过程（续）

7.7.2 钢网架施工动态模拟和管理

网架钢结构部分的关键构件及部位安装相对复杂，宜采用 BIM 技术对网架安装过程进行模拟，过程如图 7-29 ~ 图 7-35 所示。

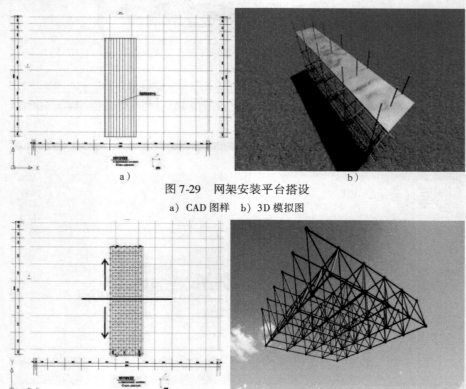

a)   b)

图 7-29 网架安装平台搭设

a）CAD 图样　b）3D 模拟图

a)   b)

图 7-30 安装平台

a）CAD 图样　b）3D 模拟图

图 7-31　由 D 轴起向两边搭建网架

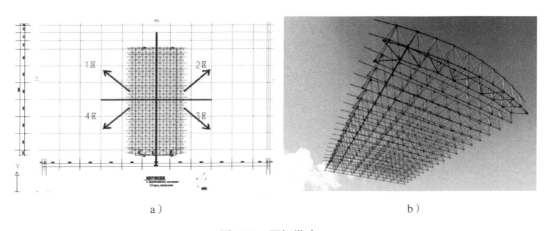

a)　　　　　　　　　　　b)

图 7-32　网架搭建一

a）CAD 图样　b）3D 模拟图

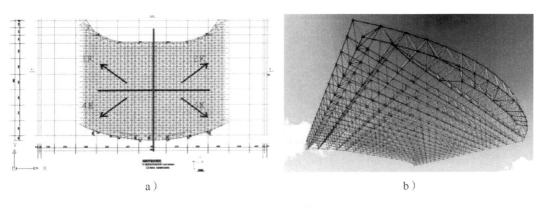

a)　　　　　　　　　　　b)

图 7-33　网架搭建二

a）CAD 图样　b）3D 模拟图

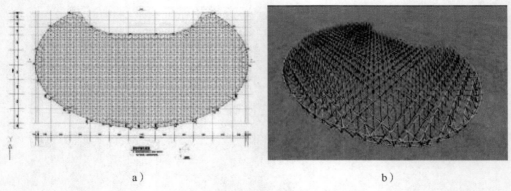

a)   b)

图 7-34　高空散拼

a）CAD 图样　b）Revit 3D 模拟图

图 7-35　网架安装完成

结合施工进度计划进行的 4D 施工模拟，加入成本信息和协同平台的管理，可以实现工程的综合预演，方便建设方和总包方对工程进行预控。针对工程技术重难点、样板间、精装修等，对施工工序的搭接以及新型、复杂施工工艺进行模拟，综合考虑相关影响因素，利用 3D 效果预演的方式可有效解决各方协同管理的难题。施工模拟案例如图 7-36 所示。

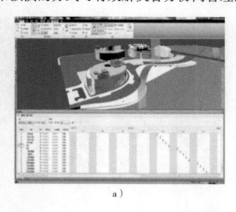 

a)   b)

图 7-36　施工模拟案例

a）宜兴文化中心工程 4D 施工模拟　b）北京绿地中心工程办公区装修效果模拟

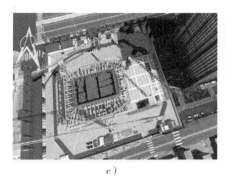

c）　　　　　　　　　　　　　　　d）

图7-36　施工模拟案例（续）

c）凯特大厦工程垂直运输模拟　d）北京绿地中心工程首层样板间模拟

7.8　方案论证

7.8.1　场地布置方案

对于工程重要施工方案，可利用 BIM 模型进行有效模拟验证。通过模拟过程分析方案的可实施性，预先发现方案中存在的问题，并配合相关单位进行调整，尽量在方案实施之前将一切可能发生的问题排除掉，以确保施工的顺利进行。同时，方案模拟在辅助进行方案交底和专家论证等各项工作上也具有明显的作用。场地布置案例如图7-37 所示。

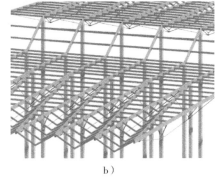

a）　　　　　　　　　　　　　　　b）

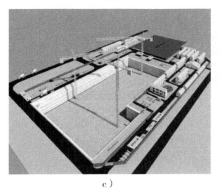

c）　　　　　　　　　　　　　　　d）

图7-37　场地布置案例

a）北京绿地中心工程施工场地布置模型　b）兖州体育中心钢结构方案验证模型
c）人寿数据中心工程基础施工阶段场地布置模型　d）北京绿地中心工程测量方案演示模型

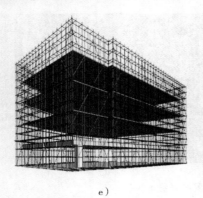

e) f)

图 7-37　场地布置案例（续）

e）北京绿地中心工程施工脚手架方案验证模型　f）通州彩虹之门工程施工场地布置模型

通过 BIM 技术可解决现场施工场地平面布置问题，解决现场场地划分问题，可按施工图样规划出施工平面布置图，搭建各种临时设施，并按安全文明施工方案的要求进行修整和装饰；临时施工用水、用电、道路应按施工要求标准完成；为使现场使用合理，施工平面布置应有条理，应尽量减少占用施工用地，使平面布置紧凑合理，同时做到场容整齐清洁，道路畅通，符合防火安全及文明施工的要求。施工过程中应避免多个工种在同一场地，同一区域进行施工而相互牵制、相互干扰。施工现场设专人负责管理，使各项材料、机具等按已审定的现场施工平面布置图的位置堆放。

基于建立的 BIM 3D 模型，可以对施工场地进行布置，合理安排塔式起重机、库房、加工厂地和生活区等的位置；通过与业主的沟通协调，对施工场地进行优化，选择最优施工路线。

1）桩基及基坑支护施工阶段场地布置如图 7-38 所示。

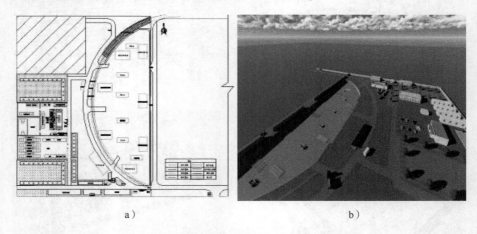

a) b)

图 7-38　桩基及基坑支护施工阶段场地布置

a）CAD 场地布置图　b）Revit 3D 场地布置图

2）地下结构施工阶段场地布置如图 7-39 所示。

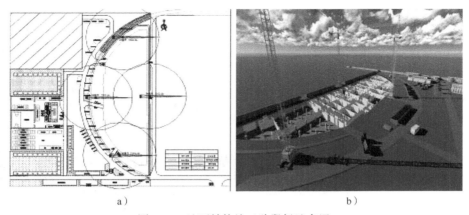

a)   b)

图 7-39   地下结构施工阶段场地布置

a) CAD 场地布置图   b) Revit 3D 场地布置图

3）地上结构施工阶段场地布置如图 7-40 所示。

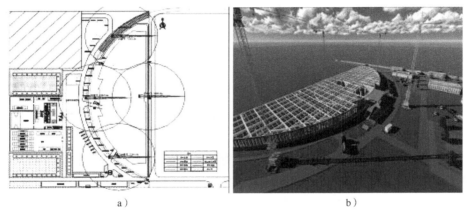

a)   b)

图 7-40   地上结构施工阶段场地布置

a) CAD 场地布置图   b) Revit 3D 场地布置图

4）装饰装修施工阶段场地布置如图 7-41 所示。

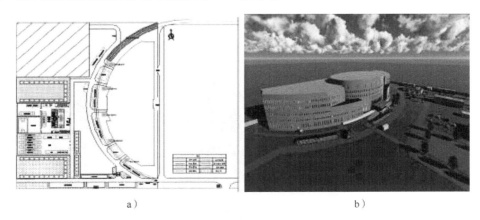

a)   b)

图 7-41   装饰装修施工阶段场地布置

a) CAD 场地布置图   b) Revit 3D 场地布置图

7.8.2　专项施工方案

通过 BIM 技术指导编制专项施工方案，可以直观地对复杂工序进行分析，将复杂部位简单化、透明化，提前模拟方案编制后的现场施工状态，对现场可能存在的危险源、安全隐患、消防隐患等提前排查，对专项方案的施工工序进行合理排布，有利于方案的专项性、合理性。专项施工方案案例如图 7-42 所示。

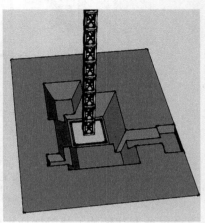

图 7-42　八里庄苏宁电器广场塔式起重机基础开挖

7.9　关键工艺展示

预应力钢结构的关键构件及部位的安装相对比较复杂，合理的安装方案很重要，正确的安装方法能够省时省费，传统方法是在工程实施时才能得到验证，这就造成了返工等问题。同时，传统方法是施工技术人员在完全领会设计意图之后，再传达给建筑工人，相对专业性的术语及步骤对于工人来说难以完全领会。基于 BIM 技术，能够提前对重要部位的安装进行动态展示，提供施工方案讨论和技术交流的虚拟现实信息，如图 7-43 所示。

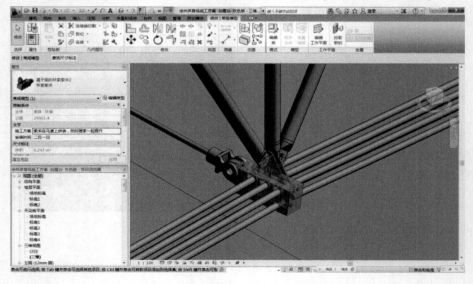

图 7-43　关键部位施工信息展示

　　施工过程的顺利实施是在有效的施工方案指导下进行的。因此，在施工开始之前，找出完善合理的施工方案是十分必要的。利用施工模拟不仅可以测试和比较不同的施工方案，还可以优化施工方案，寻找出最优的施工方案。对关键部位进行施工方案预演和比选，实现三维指导施工，可更加直观地传递施工意图。某关键节点安装方案演示动画截图如图7-44所示。

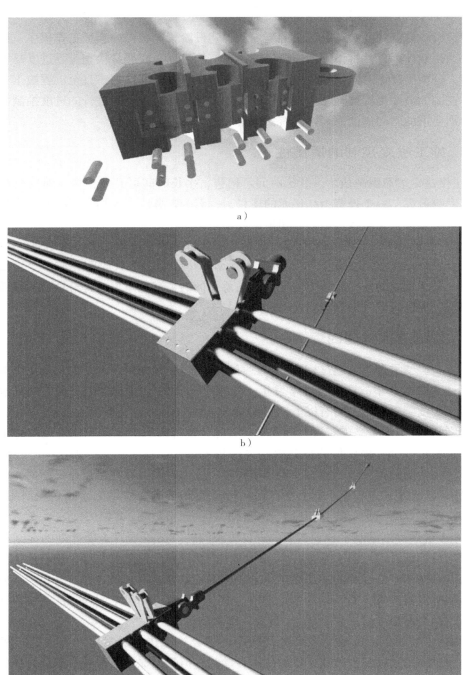

a）

b）

c）

图7-44　某关键节点安装方案演示动画截图

7.10 进度管理

7.10.1 进度控制定义

工程建设项目的进度控制是指对工程项目各建设阶段的工作内容、工作程序、持续时间和逻辑关系编制计划，并将该计划付诸实施。在实施过程中应经常检查实际进度是否按计划要求进行，分析出现偏差原因，采取补救措施或调整、修改原计划，直至工程竣工，交付使用。进度控制的最终目标是确保进度目标的实现。工程建设监理所进行的进度控制是指为使项目按计划要求的时间进度而开展的有关监督管理活动。

7.10.2 施工进度控制的重要性

1）进度决定着总财务成本。什么时间可销售，多长时间可开盘销售，对整个项目的财务总成本影响最大。一个投资 100 亿元的项目，一天的财务成本大约是 300 万元。更快的资金周转和资金效率是当前各房地产公司最关注的问题。

2）交付合同约束。交房协议有交付日期，不交付将影响信誉并支付延迟交付罚款。

3）运营效率与竞争力问题。多少人管理运营一个项目，多长时间完成一个项目，资金周转速度，是开发商的重要竞争力之一，也是承包商的关键竞争力。提升项目管理效率不仅是成本问题，更是企业重要竞争力之一。

7.10.3 影响进度管理因素

在实际工程项目进度管理过程中，虽然有详细的进度计划以及网络图、横道图等技术做支撑，但是"破网"事故还是会经常发生，对整个项目的经济效益产生直接的影响。通过分析，造成进度管理问题主要有以下原因：

1）建筑设计缺陷带来的进度管理问题。首先，设计阶段的主要工作是完成施工所需图样的设计，通常一个工程项目的整套图样少则几十张，多则成百上千张，有时甚至数以万计，图样所包含的数据庞大，而设计者和审图者的精力有限，存在错误是必然的。

2）图样所表现的内容在空间上很容易出现碰撞和矛盾。如果上述问题没有提前发现，直到施工阶段才显露出来，势必会对工程项目的进度产生影响。

3）施工进度计划编制不合理造成的进度管理问题。工程项目进度计划的编制很大程度上依赖于项目管理者的经验，虽然有施工合同、进度目标、施工方案等客观条件的支持，但是项目的唯一性和个人经验的主观性难免会使进度计划存在不合理之处，并且现行的编制方法和工具相对比较抽象，不易对进度计划进行检查，一旦计划出了问题，那么按照计划所进行的施工过程必然也不会顺利。

4）现场人员的素质造成的进度管理问题。随着施工技术的发展和新型施工机械的应用，工程项目施工过程越来越趋于机械化和自动化。但是，保证工程项目顺利完成的主要因素还是人，施工人员的素质是影响项目进度的一个主要方面，施工人员对施工图样的理解，对施工工艺的熟悉程度和操作技能水平等因素都可能对项目能否按计划顺利完成产生影响。

5）参与方沟通和衔接不畅导致进度管理问题。建设项目往往会消耗大量的财力和物力，没有一个详细的资金、材料使用计划是很难完成的。在项目施工过程中，由于专业不同，施工方与业主和供货商的信息沟通不充分、不彻底，业主的资金计划、供货商的材料供应计划与施工进度不匹配，同样也会造成工期的延误。

6）施工环境影响进度管理问题。工程项目既受当地地质条件、气候特征等自然环境的影响，又受到交通设施、区域位置、供水供电等社会环境的影响。项目实施过程中任何不利的环境因素都有可能对项目进度产生严重影响。因此，必须在项目的开始阶段就充分考虑到这些环境因素的影响结果，并提出相应的应对措施。

7.10.4 传统经验管理缺陷

1）2D CAD设计图形象性差。2D三视图作为一种基本表现手法，可将现实中的3D建筑用2D的平、立、剖三视图表达。特别是CAD技术的应用，用计算机屏幕、鼠标、键盘代替了画图板、铅笔、直尺、圆规等手工工具，大大提高了出图效率。尽管如此，因为2D图样的表达形式与人们现实中的习惯维度不同，所以要看懂2D图样存在一定困难，需要通过专业的学习和长时间的训练才能读懂图样。同时，随着人们对建筑外观美观度的要求越来越高，以及建筑设计行业自身的发展，异形曲面的应用更加频繁，悉尼歌剧院、国家大剧院、鸟巢等外形奇特、结构复杂的建筑越来越多。即使设计师能够完成图样，对图样的认识和理解也仍有难度。另外，2D CAD设计可视性不强，使设计师无法有效检查自己的设计成果，很难保证设计质量，并且对设计师与建造师之间的沟通形成障碍。

2）网络计划抽象，往往难以理解和执行。网络计划图是工程项目进度管理的主要工具，但也有其缺陷和局限性。首先，网络计划图计算复杂，理解困难，只适合于内部使用，不利于与外界沟通和交流；其次，网络计划图表达抽象，不能直观地展示项目的计划进度过程，也不方便进行项目实际进度的跟踪；再次，网络计划图要求项目工作分解细致，逻辑关系准确，这些都依赖于个人的主观经验，实际操作中往往会出现各种问题，很难完全做到。

3）2D图样不方便各专业之间的协调沟通。2D图样由于受可视化程度的限制，使得各专业之间的工作相对分离。无论是在设计阶段还是在施工阶段，都很难对工程项目进行整体性表达。各专业单独工作或许十分顺利，但是在各专业协同作业时往往会产生碰撞和矛盾，给整个项目的顺利完成带来困难。

4）传统管理方法不利于规范化和精细化管理。随着项目管理技术的不断发展，规范化和精细化管理是形势所趋。但是传统的进度管理方法很大程度上依赖于项目管理者的经验，很难形成一种标准化和规范化的管理模式。这种经验化的管理方法受主观因素的影响大，所以引进新的管理技术，更新传统的管理方法已势在必行。

7.10.5 BIM技术进度控制优势

1）提升全过程协同效率。大量的调查和研究表明，工程项目进度里有超过20%都损失在协同。协同效率低下一直是工程项目管理效率提升最大难题之一，原因有几个方面：

一是工程项目与制造业有很大不同，项目部队伍是临时组织的。围绕项目的各参建单位都是以项目为载体的新合作单位，从建立沟通的共同语言到提升沟通效率都非常困难和缓慢。

二是工程图样是 2D 的（制造业图样早已是 3D 的），可视化程度低，可理解性差，大大影响了沟通效率。要靠人脑计算分析 3D 空间关系，计算各专业冲突情况，是一件十分困难、效率低下的事情，会发生大量各方理解不一致的情况。

三是传统点对点的协同方式效率低。传统采用 2D 图样进行协同的方式是一种点对点的协同方式，而不是一个数据中心，大家能实时获得最新、最准确、最完整的数据，周转流程和耗时巨大。

BIM 技术可以完全改变这一切：

一是基于 3D 的 BIM 沟通语言，简单易懂、可视化好、理解一致，大大加快了沟通效率，减少理解不一致的情况。

二是基于互联网的 BIM 技术可帮助我们建立起强大高效的协同平台：所有参建单位在授权的情况下，可随时随地获得项目最新、最准确、最完整的工程数据，不再是过去点对点的信息传递方式，而变成一对多的方式，效率提升，图样信息版本完全一致，从而减少传递时间的损失和版本不一致导致的施工失误。

三是通过 BIM 软件系统的计算，减少了沟通协调的问题。传统靠人脑计算 3D 关系容易产生人为的错误，BIM 技术可减少这样的问题，同时也能减少协同的时间投入。

还有现场采用 BIM 和移动智能终端拍照应用相结合，也大大提升了现场问题沟通的效率。

2）加快设计进度。很多项目边设计边修改，设计影响了进度。采用 BIM 技术可加快设计进度，但现在大家的认知却是 BIM 设计减慢了设计进度。形成这样结论的原因，一是现阶段设计用的 BIM 软件生产效率不够高；二是当前设计院交付的模型质量较低。

事实情况是当前用 BIM 是可以加快设计进度的。时间虽然增加了，但交付成果的质量大大提升了，事实上是提升了设计进度，在施工以前解决了更多问题，减少了施工阶段的大量问题，这对整体进度是大大有利的。

3）碰撞检测，减少变更和返工进度损失。BIM 技术强大的碰撞检查功能，十分有利于减少进度浪费。大量的专业之间的冲突浪费了大量时间，大量的废弃工程和返工也造成了巨大的材料和人工浪费。

当前的产业机制造成设计和施工分家，设计院为了效益，尽量降低设计工作的深度，交付成果很多是方案阶段成果，而不是最终施工图，里面充满了很多深入下去才能发现的问题，需要施工单位进行深化设计。由于施工单位技术水平有限和理解问题，特别是当前"三边"工程较多的情况下，专业冲突十分普遍，返工现象严重。利用 BIM 系统实时跟进设计，第一时间反映出问题，第一时间解决问题，带来的进度效益和其他效益都是十分惊人的。

4）加快招标投标组织工作。设计基本完成，要组织一次高质量的招标投标工作，光编制高质量的工程量清单就要耗时数月。一个质量低下的工程量清单将导致业主方巨额的损失，利用不平衡报价很容易造成更高的结算价。

利用基于 BIM 技术的算量软件系统，可大大加快计算速度并提高计算准确性，加快招标阶段的准备工作，同时提升招标工程量清单的质量。

5）加快支付审核。当前很多工程，由于业主方缓慢的支付审核或过程付款争议挫伤了承包商的积极性，从而影响到工程进度。

业主方利用 BIM 技术的数据能力,可快速校核反馈承包商的付款申请单,大大加快期中付款反馈机制,提升双方战略合作成果。

6)加快生产计划、采购计划编制。工程中经常因生产计划、采购计划编制缓慢损失了进度。急需的材料和设备不能按时进场,影响了工期,造成窝工损失很常见。

BIM 改变了这一切,随时随地获取准确数据变得非常容易,大大缩短了编制生产计划、采购计划的用时,加快了进度,同时提高了计划的准确性。

7)加快竣工交付资料准备。基于 BIM 的工程实施方法,过程中所有资料可方便地随时挂接到工程 BIM 数字模型中,竣工资料在竣工时即已形成。竣工 BIM 模型在运维阶段还将为业主方发挥巨大的作用。

8)提升项目决策效率。当前工程实施中,由于大量决策依据、数据不能及时完整地提交出来,决策被迫延迟,或决策失误造成工期损失的情况非常多见。实际情况中,只要工程信息数据充分,决策并不困难,难的往往是决策依据不足、数据不充分,有时导致领导难以决策,有时导致多方谈判长时间僵持,影响工程进展。

采用 BIM 可形成工程项目的多维度结构化数据库,整理分析数据几乎可以实时实现,完全解决了这方面的难题。项目多维度数据库结构如图 7-45 所示。

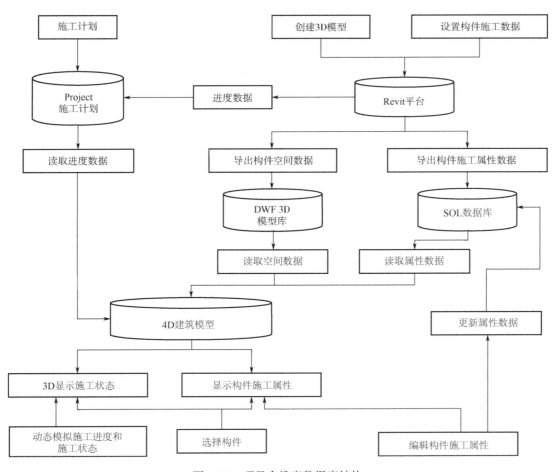

图 7-45　项目多维度数据库结构

7.10.6 BIM 技术在进度管理中的具体应用

1. BIM 施工组织设计

基于 BIM 施工组织，对工程重点和难点的部位进行分析，制订切实可行的对策；依据模型，确定方案，排定计划，划分流水段；BIM 用季度卡来编制施工进度计划；将周和月结合在一起，假设后期需要任何时间段的计划，只需在这个计划中过滤一下就可自动生成；做到对现场的施工进度进行每日管理；根据计划施工内容进行模拟，从而准确记录现场动态。

2. 4D BIM 施工模拟

采用先进的 4D BIM 施工管理系统，可结合计划进度和实际进度，实时追踪当前的进度状态，分析影响进度的因素，协调各专业，制订应对措施，如图 7-46 所示。

图 7-46 4D BIM 施工管理系统

结合 Project 编制的施工进度计划，可以直观地将 BIM 模型与施工进度计划关联起来，自动生成虚拟建造过程，如图 7-47 所示。

通过对虚拟建造过程的分析，合理地调整施工进度，更好地控制现场的施工与生产。

Navisworks 施工模拟具体实施步骤：

1) 给 BIM 模型赋予 Presentor 材质。

2) 制订 Project 计划。

3) 将 Project 文件与 BIM 模型链接。

4) 在 Animator 中制订关键动画并插入到 Timeliner 中。

5) 设置动画视点并输出施工模拟动画。

Navisworks 施工路线如图 7-48 所示。

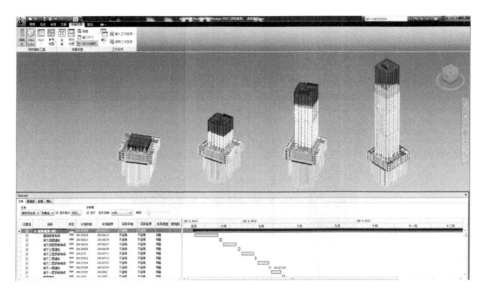

图 7-47　虚拟建造过程

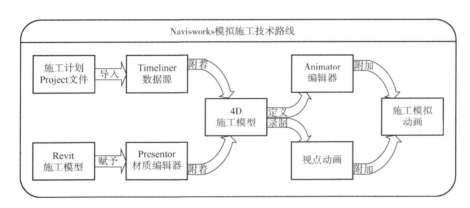

图 7-48　Navisworks 施工路线

3. 3D 技术交底

虚拟施工除了可以和实际工程进行对比之外，还可以将整个 3D 模型进行打印输出，用于指导现场施工，方便现场的施工管理人员用图样进行施工指导和现场管理。BIM 给施工企业的发展带来的影响，主要归纳为三点：一是提高施工单位总承包、总集成的能力；二是合理控制工程成本，提高施工效率；三是实现绿色环保施工的理念。

我国建筑业工人文化水平普遍不高，造型复杂的工程在技术人员向工人技术交底时往往难以让工人理解技术要求，但通过模型就可以直观地让工人知道自己将要完成的部分是什么样，有哪些技术要求，直观而形象。

针对技术方案无法细化、不直观、交底不清晰的问题，解决方案是：改变传统的思路与做法（通过纸介质表达），转由借助 4D 虚拟动漫技术呈现技术方案，使施工重点、难点部位可视化、提前预见问题、确保工程质量。特殊工艺虚拟展示如图 7-49 所示。

4. 安装指导

对钢结构而言，关键节点的安装质量至关重要。安装质量不合格，轻者将影响结构受力

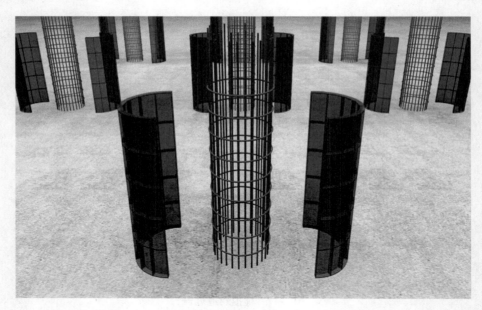

图 7-49　特殊工艺虚拟展示

形式，重者将导致整个结构的破坏。3D BIM 模型可以提供关键构件的空间关系及安装形式，方便技术交底与施工人员深入了解设计意图。徐州奥体中心钢结构关键部位安装示意图如图 7-50 所示。

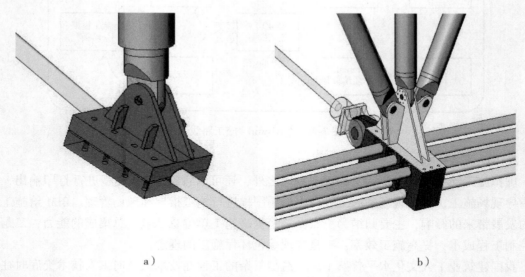

a）　　　　　　　　　　　　　　　　b）

图 7-50　徐州奥体中心钢结构关键部位安装示意图

a）径索索夹安装后　b）环索安装后

5. 物资材料管理

通过对现场施工进度的控制（图 7-51），依靠 BIM 信息模型实时准确提取各个施工阶段的物资材料计划，相关管理部门可快速准确地获得工程基础数据。

BIM 技术可为施工企业制订精确的"人、机、材"计划提供有效的支持，大大减少资源、物流和仓储环节的浪费，为实现限额领料、消耗控制提供强有力的技术支持。

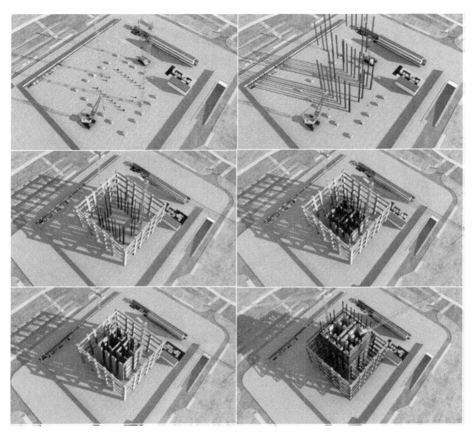

图 7-51　施工进度图

6. 现场管理

通过 BIM 技术可解决现场施工场地平面布置问题，解决现场场地划分问题，如图 7-52 所示。

图 7-52　现场划分图

7. 移动终端管理

采用无线移动终端等技术，全过程与 BIM 模型集成，实现数据库化、可视化管理，可避免任何一个环节出现问题给施工进度和质量带来影响，如图 7-53 所示。

图 7-53　无线移动终端查看 BIM 模型

7.11　质量管理

7.11.1　质量控制定义

我国国家标准 GB/T 19000—2000 对质量的定义为：一组固有特征满足要求的程度。质量的主体不但包括产品，而且包括过程、活动的工作质量，还包括质量管理体系运行的效果。工程项目质量管理是指在力求实现工程项目总目标的过程中，为满足项目的质量要求所开展的有关管理监督活动。

7.11.2　影响质量控制的原因

在工程建设中，无论是勘察、设计、施工还是机电设备的安装，影响工程质量的因素主要有"人、机、料、法、环"等五大方面，即：人工、机械、材料、方法、环境，所以工程项目的质量管理主要是对这五个方面进行控制。

1）人工的控制。人工是指直接参与工程建设的决策者、组织者、指挥者和操作者。人工的因素是影响工程质量的五大因素中的首要因素。在某种程度上，它决定了其他的四个因素。很多质量管理过程中出现的问题归根结底都是人工的问题。项目参与者的素质、技术水平、管理水平、操作水平最终都会影响工程建设项目的最终质量。

2）机械的控制。施工机械设备是工程建设不可或缺的设施，对施工项目的施工质量有着直接影响。有些大型、新型的施工机械可以使工程项目的施工效率大大提高。而有些工程内容或者施工工作是必须依靠施工机械才能保证工程项目的施工质量的，如混凝土特别是大型混凝土的振捣机械，道路地基的碾压机械等。如果靠人工来完成这些工作，往往很难保证工程质量。但是施工机械体积庞大、结构复杂，而且往往需要有效地组合和配合才能起到事半功倍的效果。

3）材料的控制。材料是建设工程实体组成的基本单元，是工程施工的物质条件，工程项目所用材料的质量直接影响着工程项目的实体质量。因此每一个单元的材料质量都应该符合设计和规范的要求，工程项目实体的质量才能得到保证。在项目建设中使用不合格的材料和构配件，就会造成工程项目的质量不合格，所以在质量管理过程中一定要把好材料、构配件关，打牢质量根基。

4）方法的控制。工程项目施工方法的选择也对工程项目质量有着重要影响。对一个工程项目而言，施工方法和组织方案的选择正确与否直接影响整个项目的建设能否顺利进行，关系到工程项目的质量目标能否顺利实现，甚至关系到整个项目的成败问题。但是往往施工方法是根据项目管理者的经验进行主观选择的，有些方法在实际操作中并不一定可行。如预应力混凝土的先拉法和后拉法，是需要根据实际的施工情况和施工条件来确定的。方法的选择对于预应力混凝土的质量也有一定影响。

5）环境的控制。工程项目的建设过程面临很多环境因素的影响，主要有社会环境、经济环境、自然环境等。通常对工程项目的质量产生影响较大的是自然环境，其中又有气候、地质、水文等细部的影响因素。例如，冬季施工对混凝土质量的影响，风化地质或者地下溶洞对建筑基础的影响等。因此，在质量管理过程中，管理人员应该尽可能地考虑环境因素对工程质量产生的影响，并且努力去优化施工环境，对于不利因素严加管控，避免其对工程项目的质量产生影响。

1. 工程项目质量管理中存在的问题

工程质量管理方面存在的问题主要表现在：

1）施工人员专业技能不足。工程项目一线操作人员的素质直接影响工程质量，是工程质量高低、优劣的决定性因素。施工人员的工作技能、职业操守和责任心都对工程项目的最终质量有重要影响。但是现在的建筑市场上，施工人员的专业技能普遍不高，绝大部分没有参加过技能岗位培训或未取得有关岗位证书和技术等级证书。因此很多工程质量问题的出现都是因为施工人员的专业技能不足造成的。

2）材料的使用不规范。国家对建筑材料的质量有着严格的规定和划分，个别企业也有自己的材料使用质量标准。但是往往在实际施工过程中对建筑材料质量的管理不够重视，个别施工单位为了追求额外的效益，会有意无意地在工程项目的建设过程中使用一些不规范的工程材料，造成工程项目的最终质量出现问题。

3）不按设计或规范进行施工。为了保证工程建设项目的质量，国家制定了一系列有关工程项目各个专业的质量标准和规范。同时每个项目都有自己的设计资料，规定了项目在实施过程中应该遵守的规范。但是在项目实施的过程中，这些规范和标准经常被突破，一来因为人们对设计和规范的理解存在差异，二来由于管理的漏洞，造成工程项目无法实现预定的质量目标。

4）不能准确预知完工后的质量效果。一个项目完工之后，如果感官上不美观，就不能称之为质量很好的项目。但是在施工之前，没有人能准确无误地预知完工之后的实际情况。

往往在工程完工之后，多多少少都有不符合设计意图的地方，基本上也都有遗憾。较为严重的还会出现使用中的质量问题，比如设备的安装没有足够的维修空间，管线的布置杂乱无序，因未考虑到局部问题被迫牺牲外观效果等，这些问题都会影响项目完工后的质量效果。

5）各个专业工种相互影响。工程项目的建设是一个系统、复杂的过程，需要不同专业、工种之间相互协调，相互配合才能很好地完成。但是在工程实际中往往由于专业的不同，或者所属单位的不同，各个工种之间很难在事前做好协调沟通。这就造成在实际施工中各专业工种配合不好，使得工程项目的进展不连续，或者需要经常返工，以及各个工种之间存在碰撞，甚至相互破坏、相互干扰，严重影响了工程项目的质量。如：水电等其他专业队伍与主体施工队伍的工作顺序安排不合理，造成水电专业施工时在承重墙、板、柱、梁上随意凿沟开洞，破坏了主体结构，影响了结构安全的质量问题。

2. 传统技术产生问题的原因

1）施工方对效益的过分追求。"经济人假设"认为每个人都以追求自身利益最大化而存在，但是作为"社会人"我们同时要承担起自己的责任。追求效益最大化是一个企业生存的目标这无可厚非，但是考虑到成本与质量的相互关系，施工企业过分地追求额外效益会对工程项目的质量产生影响。偷工减料、更换劣质材料和设备等事件在工程施工行业内时有发生，考验着施工行业的人员素质和社会责任心。

2）质量管理方法很难充分发挥其作用。建筑业经过长期的发展已经积累了丰富的管理经验，在此过程中，通过大量的理论研究和专业积累，工程项目的质量管理也逐渐形成了一系列的管理方法。但是工程实践表明，大部分管理方法在理论上的作用很难在工程实际中得到发挥。由于受实际条件和操作工具的限制，这些方法的理论作用只能得到部分发挥，甚至得不到发挥，影响了工程项目质量管理的工作效率，造成工程项目的质量目标最终不能完全实现。

3）对环境因素的估计不足。建筑工程项目一般都是在露天的环境中施工，因此工程项目的质量总是与自然环境、施工条件和各级管理机构状况以及各种社会因素紧密相关。但是，有些项目管理者只将注意力集中在工程项目的实体本身上，往往忽视环境因素对工程项目质量的影响。同时由于环境因素的复杂多变，管理者很难进行准确的估计和把握，往往造成环境因素对项目质量管理造成影响。

当前对于施工质量控制采取的方法最普遍的就是质量检查，但是质量检查由于是一种事后控制的方法，所以不能起到预防的作用。通常在质量检查中发现的问题已经对工程项目的质量产生了影响，后面能做的只是亡羊补牢，从这个角度来说，质量检查可以看作是一种浪费，它不能解决已出现缺陷的部位的质量问题。如果不对质量检查中出现的问题进行登记备注，积累经验，那么质量检查的作用就被大大削减了。在实际的质量检查过程中，我们发现问题后往往就"事"论"事"，就问题解决问题，很少进行存档和积累。一来因为没有这方面的意识，二来没有一个可以支持的工具和方法，缺乏可操作性。所以我们经常看到同一个问题在不同的项目中重复出现，降低了质量管理的效率。

7.11.3　基于 BIM 的质量管理优势

传统的 2D 管控质量的方法是将各专业平面图叠加，结合局部剖面图，设计审核校对人员凭经验发现错误，难以全面。

3D 参数化的质量管控，是利用 3D 模型，通过计算机自动实时检测管线碰撞，精确性高。2D 质量管控和 3D 质量管控的比较见表 7-3。

表 7-3　2D 质量管控和 3D 质量管控的比较

传统 2D 质量管控缺陷	3D 质量管控优点
手工整合图样，凭借经验判断，难以全面分析	计算机自动在各专业间进行全面检验，精确度高
均为局部调整，存在顾此失彼情况	在任意位置剖切大样及轴测图大样，观察并调整该处管线标高关系
标高多为原则性确定相对位置，大量管线没有精确确定标高	轻松发现影响净高的瓶颈位置
通过"平面 + 局部剖面"的方式，对于多管交叉的复杂部位表达不够充分	在综合模型中直观地表达碰撞检测结果
在净空要求非常高的复杂情况下，2D 管线综合局限性明显	

7.11.4　BIM 在质量管控中的具体应用

1. 建模前期协同设计

在建模前期，需要建筑专业和结构专业的设计人员大致确定顶棚高度及结构梁高度；对于净高要求严格的区域，提前告知机电专业人员；各专业针对空间狭小、管线复杂的区域，协同设计 2D 局部剖面图，如图 7-54 所示。建模前期协同设计的目的是，在建模前期就解决部分潜在的管线碰撞问题。

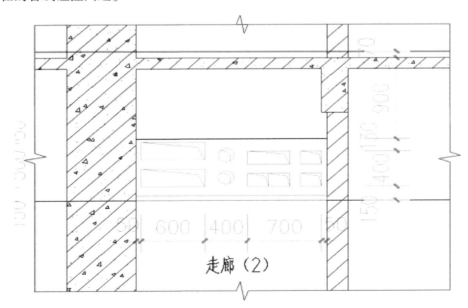

图 7-54　管线综合局部剖面图

2. 碰撞检测及报告

各专业完成初步建模后，使用 Navisworks 软件进行专业间的碰撞检测，并提供检测报告及修改意见。专业间碰撞检测主要包括土建专业之间、土建专业与机电专业之间、机电专业之间。设计人员根据碰撞检测报告及修改意见，重新优化设计，然后再次进行碰撞检测……如此循环，直至解决所有的硬碰撞，软碰撞解决到可接受的范围，如图 7-55 所示。

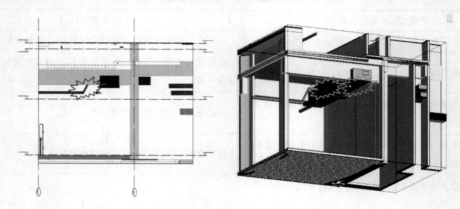

图 7-55　剖面图和 3D 透视图

空间狭小、管线复杂的位置，就算经过前期协同，但仍然无法完全避免错误，利用 3D 透视图结合局部剖面图可以重新优化设计，如图 7-56 所示。

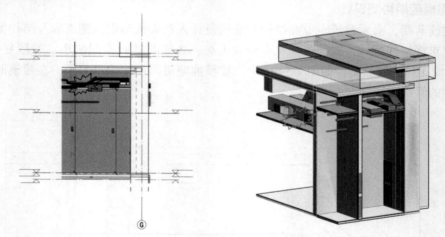

图 7-56　局部剖面图和 3D 透视图

3. 深化设计

1）BIM 可以解决管线、设备的碰撞，预留合理的安装及操作空间。

2）模拟钢结构深化设计，导入数控设备加工，保证精密性。

3）进行节点深化设计和放样分析。

4）解决钢筋绑扎、顺序问题，指导现场钢筋绑扎施工。

5）通过 BIM 技术指导编制专项施工方案，对专项方案的施工工序进行合理排布，有利于方案的专项性、合理性。

4. 管理现场工程质量

应用 BIM 解决现场施工场地平面布置问题，解决现场场地划分问题，搭建各种临时设施，如图 7-57 所示。

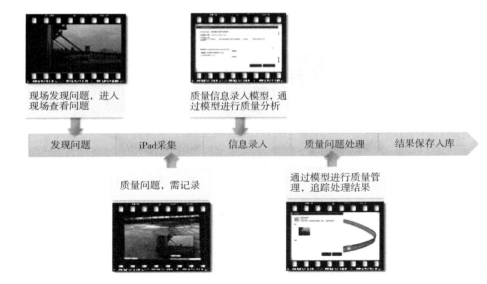

图 7-57　划分结构图

5. 移动终端管理

采用无线移动终端、RFID 等技术，把工厂制造的部件，从设计、采购、加工、运输、安装、使用的全过程与 BIM 模型集成。实现数据库化、可视化管理，避免任何一个环节出现问题给施工进度和质量带来影响。

6. 质量管理

1）产品质量管理。BIM 模型存储了大量的建筑构件、设备信息。通过软件平台，可快速查找所需的材料及构配件信息，如规格、材质、尺寸要求等，并可根据 BIM 设计模型，对现场施工作业产品进行追踪、记录、分析，掌握现场施工的不确定因素，避免不良后果的出现，监控施工质量。

2）技术质量管理。通过 BIM 的软件平台动态模拟施工技术流程，再由施工人员按照仿真施工流程施工，确保施工技术信息的传递不会出现偏差，避免实际做法和计划做法不一样的情况出现，减少不可预见情况的发生。

7. 大体积混凝土测温

使用自动化监测管理软件进行大体积混凝土温度的监测，将测温数据无线传输汇总到自动分析平台上，通过对各个测温点的分析，形成动态监测管理。电子传感器按照测温点布置要求，自动直接将温度变化情况输出到计算机，形成温度变化曲线图，随时可以远程动态监测基础大体积混凝土的温度变化，根据温度变化情况，随时加强养护措施，确保大体积混凝土的施工质量，如图 7-58 所示。

7.12　安全管理

7.12.1　安全控制定义

安全管理（Safety Management）是管理科学的一个重要分支，它是为实现安全目标而进

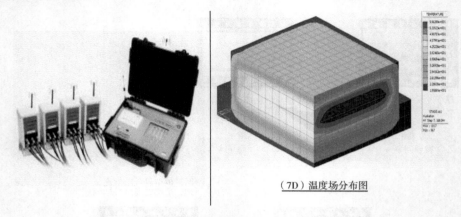

（7D）温度场分布图

图 7-58　基于 BIM 的温度数据分析平台

行的有关决策、计划、组织和控制等方面的活动；主要运用现代安全管理原理、方法和手段，分析和研究各种不安全因素，从技术上、组织上和管理上采取有力的措施，解决和消除各种不安全因素，防止事故的发生。

7.12.2　安全控制的重要性

安全管理是企业生产管理的重要组成部分，是一门综合性的系统科学。安全管理的对象是生产中一切人、物、环境，安全管理是一种动态管理。安全管理，主要是组织实施企业安全管理规划、指导、检查和决策，同时也是保证生产处于最佳安全状态的根本环节。施工现场安全管理的内容，大体可归纳为安全组织管理、场地与设施管理、行为控制和安全技术管理四个方面，分别对生产中的人、物、环境的行为与状态，进行具体的管理与控制。为有效地将生产因素的状态控制好，实施安全管理过程中，必须正确处理五种关系，坚持六项基本管理原则。

7.12.3　安全控制难点

建筑业是我国的"五大高危行业"之一，是《安全生产许可证条例》规定必须实行安全生产许可证制度的企业。为了规范企业安全生产行为，条例规定了 13 项安全生产条件。规定企业必须具备这些条件才能取得安全生产许可证。

建筑业企业为了生存，八仙过海各显神通。纷纷取得安全生产许可证，但是建筑业的"五大伤害"事故的发生率并没有明显下降。原因何在？

本书从管理现状的角度搜集了一些原因。

1. 企业责任主体意识不明确

很多企业对法律法规缺乏应有的认识和了解，从企业法人到专职安全生产管理人员都对自己的安全责任没有一个明确的了解，浑浑噩噩、敷衍了事。不知道自己在工程施工中所应当承担的法律责任，认为安全管理是政府的职责，造成企业安全管理平台缺失，安全管理不到位。

2. 政府监管压力过大，监管机构和人员严重不足

政府监管部门为了确保不发生安全生产事故，经常进行建筑施工安全检查。一旦由于检查人员业务水平不足或流于形式，就容易放过施工企业都没有发现的"事故隐患"。我国安

全生产事故追究具有"问责制",一旦发生事故,管理人员就要承担相应责任。这就给管理部门带来了一个进退两难的棘手问题:不去检查是"渎职",查不出问题是"失职",再加上有的地区监管机构和人员严重不足,造成政府监管压力过大。

企业重"生产"轻"安全","质量第一、安全第二"。对于很多企业来说,由于事故的发生具有"潜伏性"和"随机性",安全管理不到位也并不一定引发安全事故,所以企业侥幸心理作祟,疏于安全管理。由于"质量""进度"直接关系企业效益,生产能给企业带来效益,安全只能给企业增加支出,所以很多企业重"生产"而轻"安全"。

3. "垫资""压价"等不规范的市场主体行为直接导致施工企业削减安全投入

"垫资""压价"等不规范的市场行为一直压制企业发展,造成企业无序竞争。很多企业为生存而生产,有些项目"零利润"甚至负"利润"。在生存与发展面前,很多企业的"安全投入"就成了一句空话。

4. 缺少安全咨询评估中介机构,无法给政府提供独立的可供参考的第三方安全评估报告

建筑业企业资质申报要求提供安全评估资料,这就要求独立于政府和企业之外的第三方建筑业安全咨询评估中介机构要大量存在。安全咨询评估中介机构所提供的评估报告可以作为政府对企业安全生产现状采信的证明。

5. 工程监理管安全,"一专多能"起不到实际作用

工程监理人员多数是从"施工员""质检员"过渡过来的,这部分人对施工质量很专业,但对安全可能是门外汉。建筑安全是一门多学科交叉系统,在我国还属于一个新兴学科,同时也是一个专业性很强的学科体系,不是其他专业可以代而管之的。而相关的行政法规却又把施工现场安全责任划归监理。

7.12.4 BIM技术安全控制优势

基于BIM的管理模式是创建信息、管理信息、共享信息的数字化方式,其具有很多的优势,具体如下:

基于BIM的项目管理,工程基础数据如量、价等,数据准确、数据透明、数据共享,能完全实现短周期、全过程对资金风险以及盈利目标的控制。

基于BIM技术,可对投标书、进度审核预算书、结算书进行统一管理,并形成数据对比。

可以提供施工合同、支付凭证、施工变更等工程附件管理,并为成本测算、招标投标、签证管理、支付等全过程造价进行管理。

BIM数据模型保证了各项目的数据动态调整,可以方便统计,追溯各个项目的现金流和资金状况。

根据各项目的形象进度进行筛选汇总,可为领导层更充分地调配资源、进行决策创造条件。

基于BIM的4D虚拟建造技术能提前发现在施工阶段可能出现的问题,并逐一修改,提前制订应对措施。

使进度计划和施工方案最优,在短时间内说明问题并提出相应的方案,再用来指导实际的项目施工。

BIM 技术的引入可以充分发掘传统技术的潜在能量，使其更充分、更有效地为工程项目质量管理工作服务。

除了可以使标准操作流程"可视化"外，也能够做到对用到的物料，以及构件要求的产品质量等信息随时查询。

采用 BIM 技术，可实现虚拟现实、资产、空间等管理和建筑系统分析等技术内容，从而便于运营维护阶段的管理应用。

运用 BIM 技术，可以对火灾等安全隐患进行及时处理，从而减少不必要的损失，对突发事件进行快速应变和处理，快速准确掌握建筑物的运营情况。

总体上讲，采用 BIM 技术可使整个工程项目在设计、施工和运营维护等阶段都能够有效地实现建立资源计划、控制资金风险、节省能源、节约成本、降低污染和提高效率。应用 BIM 技术，能改变传统的项目管理理念，引领建筑信息技术走向更高层次，从而大大提高建筑管理的集成化程度。

7.12.5　BIM 技术在安全控制中的具体应用

1. BIM 在设计阶段的安全控制

1）利用 BIM 进行与设计相关的安全分析。

2）4D 模拟与管理和安全表现参数的计算可以在设计阶段排除很多建筑安全风险。

3）BIM 虚拟环境排除安全隐患。

4）基于 BIM 及相关信息技术的安全规划，则可以在施工前的虚拟环境中发现潜在的安全隐患并予以排除。

5）采用 BIM 模型结合有限元分析平台，进行力学计算。

6）通过模型发现施工过程重大危险源并实现水平洞口危险源自动识别，通过辅助工具自动进行临边防护。

施工空间结构图如图 7-59 所示。

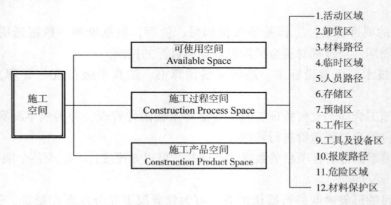

图 7-59　施工空间结构图

2. 施工过程仿真模拟

在 4D 模型和 4D 模拟的基础上，附加材料属性、边界条件和荷载条件，结合先进的时变结构分析方法、相应的有限元软件接口，采用 ANSYS 或 Etabs 等通用有限元软件，便可以将 BIM、4D 技术和时变结构分析方法结合起来，实现基于 BIM 的施工过程结构安全分析与支撑体系安全分析，能有效捕捉施工过程中可能存在的危险状态，指导安全维护措施的编制和执行，防止发生安全事故，如图 7-60 所示。

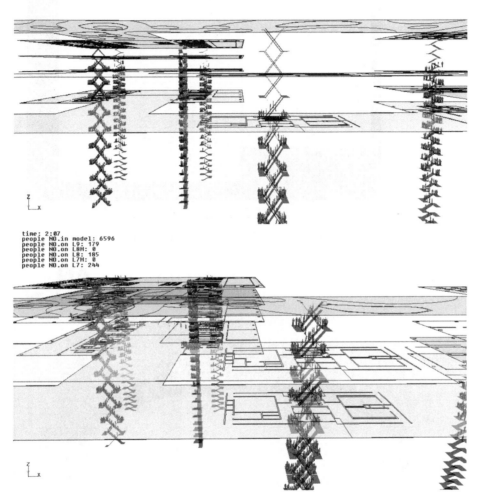

图 7-60　安全分析

　　BIM 软件相比于结构分析软件，在建模这一板块功能更多，操作更简便，能够跨专业实现协调设计。开发数据接口将 BIM 模型导入有限元分析软件可以实现 3D 模型的快速传递，节省二次建模的时间，快速进行仿真分析。以盘锦体育场项目为例，将 BIM 模型导入 Ansys 有限元分析软件的过程如图 7-61 所示，有限元计算模型如图 7-62 所示，仿真计算结果如图 7-63 所示。

3. 模型试验

　　对于盘锦体育场这种复杂的结构，其施工难度很大，需要的施工技术不同于以往的预应力施工技术，结构施工方案的合理性与施工技术的安全可靠性都需要验证，为此利用 BIM 技术建立试验模型，对施工方案进行动态展示，从而为试验提供模型基础信息，建立的缩尺

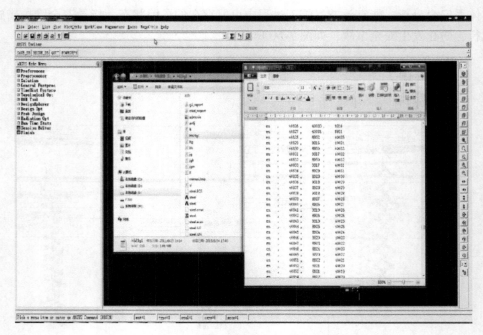

图 7-61　BIM 模型与有限元模型的快速传递

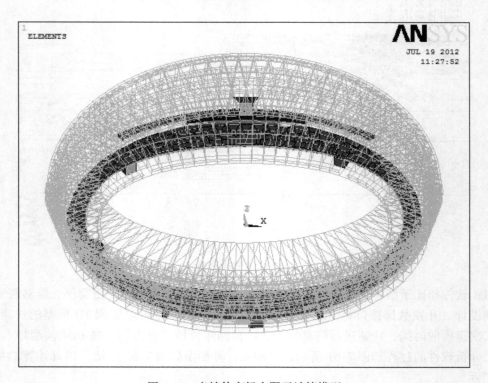

图 7-62　盘锦体育场有限元计算模型

模型如图 7-64 所示。缩尺模型节点示意图如图 7-65 所示。

4. 防坠落管理

1）在 BIM 模型中建立坠落防护栏杆构件模型。

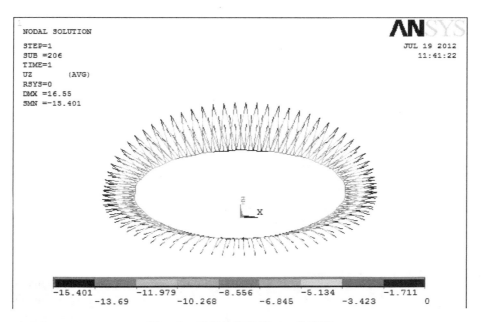

图 7-63　索网结构离地 30m 位移图

图 7-64　缩尺模型图

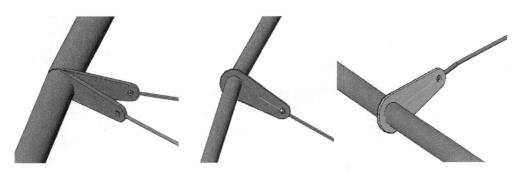

图 7-65　盘锦体育场缩尺模型节点示意图

2）研究人员通过 3D 视图能够清楚地识别多个坠落风险。

3）危险源包括尚未建造的楼梯井和天窗等，坠落防护栏杆被放置在这些地方。

4）4D 模拟可以向承包商提供完整且详细的信息，包括安装或拆卸栏杆的地点和日期等。

坠落管理图如图 7-66 所示。

图 7-66　坠落管理图

5. 塔式起重机安全管理

1）确定塔式起重机回转半径，确保其同电源线和附近建筑物的安全距离；确定哪些员工在哪些时候会使用塔式起重机。塔式起重机管理计划中钢桁架的布置如图 7-67 所示。

2）图 7-67 中的色块用来表明塔式起重机的回转半径和影响区域。

图 7-67　塔式起重机管理计划中钢桁架的布置

3）碰撞检测可以用来生成塔式起重机回转半径计划内的任何非钢结构安装活动的每周报告。该报告可以在项目定期安全会议中，用于减少由于施工人员和塔式起重机缺少交互而产生的意外风险。另外，4D模拟可以用于安全规划建设活动。

6. 火灾疏散模拟

1）利用BIM数字化模型进行物业沙盘模拟训练，提高保安人员对大楼的熟悉程度，在模拟灾害发生时，通过BIM数字模型指导大楼人员进行快速疏散。

2）通过BIM模型判断监控摄像头布置是否合理，与BIM虚拟摄像头关联，可随意打开任意视角的摄像头，摆脱传统监控系统的弊端。

3）通过对火灾现场人员感官的模拟，使疏散方案更合理。

火灾疏散图如图7-68所示。

图7-68　火灾疏散图

7. 应急预案

1）通过4D模拟、3D漫游和3D渲染来标识各种危险，建立应急预案。

2）包括五个子计划：施工人员的入口/出口；建筑设备和运送路线；临时设施和拖车位置；紧急车辆路线；恶劣天气的预防措施。

3）BIM中生成的3D动画和渲染图可用来同工人沟通应急预案。

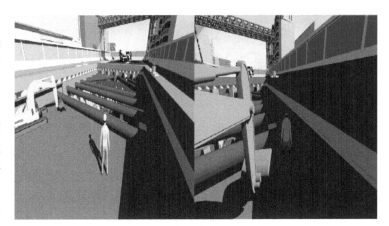

图7-69　应急预案图

应急预案图如图7-69所示。

8. 利用BIM标识安全区域

根据模拟结果，在施工期间需要对现场施工进行持续的监测，根据施工工序判断每时段的安全等级，并在终端上实时地显示现场的安全状态和潜在威胁，给予管理者直观的指导，详见表 7-4。

表 7-4 安全级别划分

级别	对应颜色	禁止工序	可能造成的后果
一级	绿	无	无
二级	黄	机械行进、停放	坍塌
三级	橙	1. 机械行进、停放	坍塌
		2. 危险区域内人员活动	坍塌、人员伤害
四级	红	1. 基坑边堆载	坍塌
		2. 危险区域内人员活动	坍塌、人员伤害
		3. 机械行进、停放	坍塌、人员伤害

9. 危险源识别及安全防护

利用 API 自主研发工具进行工程量及成本计算，为资源管理提供数据依据；采用 BIM 模型结合有限元分析平台，进行力学计算；通过模型发现施工过程重大危险源并实现水平洞口危险源自动识别，对危险源识别后通过辅助工具自动进行临边防护，这对现场的安全管理工作给予了很大的帮助，如图 7-70 所示。

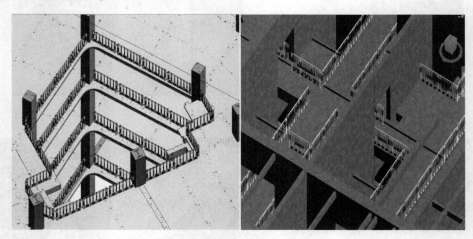

图 7-70 利用 BIM 模型对危险源进行辨识后自动防护

10. 施工动态监测

预应力钢结构施工的风险率很高，为了及时了解结构的受力和运行状态，徐州奥体中心项目针对项目自身特点开发了一个 3D 可视化动态监测系统，对施工过程进行实时监测，保证施工过程中结构应力状态和变形状态始终处于安全范围内。所开发的 3D 可视化动态监测技术较传统的监测手段具有可视化的特点，可以通过人为操作在 3D 虚拟环境下漫游来直观、形象地在施工前发现现场的各类潜在危险源，提供更便捷的方式查看监测位置的应力应变状态，在某一监测点应力或应变超过拟定的范围时，系统将自动采取报警给予提醒。徐州奥体中心 3D 可视化动态监测系统如图 7-71 所示，某时刻某环索的应力监测如图 7-72 所示。

图7-71　徐州奥体中心3D可视化动态监测系统

图7-72　某时刻某环索的应力监测

使用自动化监测仪器进行基坑沉降观测，通过将感应元件监测的基坑位移数据自动汇总到基于BIM开发的安全监测软件上，通过对数据的分析，结合现场实际测量的基坑坡顶水平位移和竖向位移变化数据的对比，形成动态的监测管理，确保基坑在土方回填之前的安全稳定性，如图7-73所示。

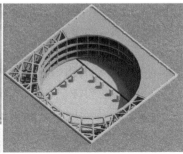

图7-73　施工动态监测

7.13　资源和成本管理

7.13.1　成本控制定义

成本控制是指以成本作为控制的手段，通过制订成本总水平指标值、可比产品成本降低率以及成本中心控制成本的责任等，达到对经济活动实施有效控制目的的一系列管理活动与过程。

成本控制是企业根据一定时期预先建立的成本管理目标，由成本控制主体在其职权范围内，在生产耗费发生以前和成本控制过程中，对各种影响成本的因素和条件采取的一系列预防和调节措施，以保证成本管理目标实现的管理行为。

7.13.2　成本控制的重要性

成本控制的课题很大，意义也很大。成本控制关乎低碳、环保、绿色建筑、自然生态、社会责任、福利等。众所周知，有些自然资源是不可再生的，所以成本控制不仅仅是财务意义上实现利润最大化，终极目标是单位建筑面积自然资源消耗最少。施工消耗大量的钢材、木材和水泥，最终必然会造成对大自然的过度索取。其次，只有成本控制较好的企业才可能有相对的优势，成本控制不力的企业必将会被市场所淘汰。成本控制也不是片面地压缩成本，有些成本是不可缩减的，有些标准是不能降低的，特别强调的是，任何缩减的成本不能影响到建筑结构安全，也不能减弱社会责任。我们所谓的成本控制就是通过技术经济和信息化手段，优化设计、优化组合、优化管理，把无谓的浪费降至最低。

7.13.3　成本控制难点

1）数据量大。每一个施工阶段都牵涉大量材料、机械、工种、消耗和各种财务费用，每一种人、材、机和资金消耗都统计清楚，数据量十分巨大。工作量如此巨大，实行短周期（月、季）成本控制在当前管理手段下，就变成了一种奢侈。随着进度的进展，应付进度工作已自顾不暇，过程成本分析、优化管理就只能搁置一边。

2）牵涉部门和岗位众多。实际成本核算，当前情况下需要预算、材料、仓库、施工、财务多部门多岗位协同分析汇总提供数据，才能得出完整的某时点实际成本，往往某个或某几个部门不能实行，整个工程成本汇总就难以做出。

3）对应分解困难。一种材料、人工、机械甚至一笔款项往往用于多个成本项目，拆分分解对于专业要求相当高，难度非常大。

4）消耗量和资金支付情况复杂。材料方面，有的进了库未付款，有的先预付款未进库，有的用了未出库，有的出了库未用掉；人工方面，有的先干未付，有的预付未干，有的干了未确定工价；机械周转材料租赁也有类似情况；专业分包，有的项目甚至未签约先干，事后再谈判确定费用。情况如此复杂，成本项目和数据归集在没有一个强大的平台支撑情况下，不漏项做好三个维度（时间、空间、工序）的对应很困难。

7.13.4 基于 BIM 技术成本控制优势

1）快速。由于建立基于 BIM 的 5D 实际成本数据库，汇总分析能力大大加强，速度快，短周期成本分析不再困难，工作量小、效率高。

2）准确。成本数据动态维护，准确性大为提高，通过总量统计的方法，消除累积误差，成本数据随进度进展准确度越来越高。

3）漏检。通过实际成本 BIM 模型，很容易检查出哪些项目还没有实际成本数据，监督各部分工程成本实时盘点，提供实际数据。

4）分析能力强。可以多维度（时间、空间、WBS）汇总分析更多种类、更多统计分析条件的成本报表。

5）提升企业成本控制能力。将实际成本 BIM 模型通过互联网集中在企业总部服务器。企业总部成本部门、财务部门就可共享每个工程项目的实际成本数据，实现了总部与项目部的信息对称。

7.13.5 BIM 技术在成本控制中的具体应用

1. 基于 BIM 的成本控制技术路线及方案

1）创建基于 BIM 的实际成本数据库。

2）建立成本的 5D（3D 实体、时间、工序）关系数据库。

3）化整为零，动态维护实际成本 BIM 模型，大幅减少一次性工作量。

4）以各 WBS 单位工程量人、材、机价格为主要数据进入成本 BIM 模型中。

5）快速实行多维度（时间、空间、WBS）成本分析，建立实际成本 BIM 模型，周期性（月、季）按时调整维护好该模型。

2. 动态成本控制

1）从 BIM 模型中提取相应部位的理论工程量，指导实际采购。

2）从进度模型中提取现场实际的人、材、机工程量，掌握成本消耗情况。

3）将模型工程量、实际消耗、合同工程量，三量进行对比分析，掌握成本分布情况，进行动态成本管理。

动态成本控制如图 7-74 所示。

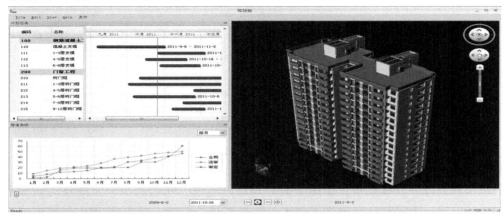

图 7-74　动态成本控制图

3. 人、材、机分析控制

1）将施工 BIM 模型导入后，分析出所需要的人、材、机计划量，作为材料用量计划和采购申请的依据。

2）通过互联网技术，项目参与方可以查询资源计划，人、材、机数据等。

3）通过短周期多算对比，及时掌握项目进展，快速发现并解决问题。

人、材、机分析图如图 7-75 所示。

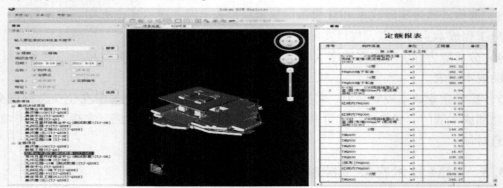

图 材料计划基于BIM统计

图 7-75　人、材、机分析图

4. 物资材料管理

1）依靠 BIM 信息模型让相关管理部门快速准确地获得工程基础数据。

2）为施工企业制订精确的人、材、机计划提供有效的支撑，大大减少资源、物流和仓储环节的浪费。

3）为实现限额领料、消耗控制提供强有力的技术支持。

物料管理如图 7-76 所示。

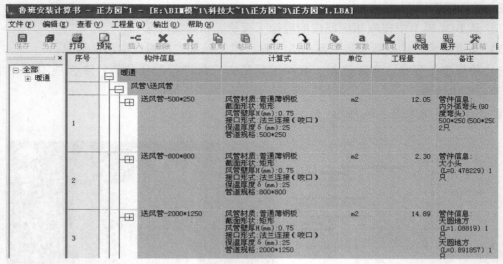

图 7-76　物料管理

5. 限额领料

限额领料制度一直很健全，但用于实际却难以实现，问题就在于无法及时获知领料数据；BIM 的出现，为限额领料提供了技术、数据支撑，仓管人员可在 BIM 系统中快速检索相应施工区域的材料用量，如图 7-77 所示。

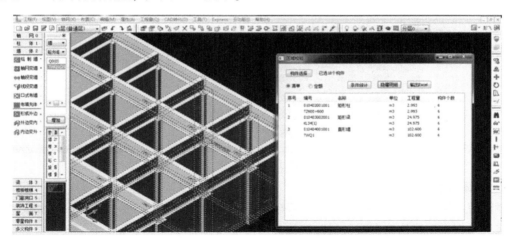

图 7-77　材料用量图

6. 快速实现设计变更

1）BIM 在设计阶段最大限度地减少设计变更，从源头减少变更带来的工期和成本的增加。

2）及时评估设计变更造成材料数量变化而引起成本的变动。

3）可以提前与甲方沟通或办理签证。

设计变更如图 7-78 所示。

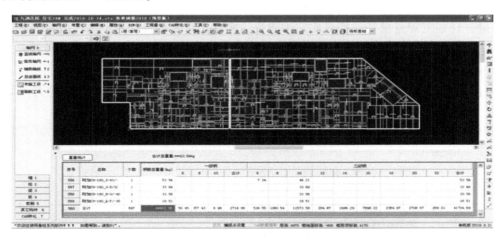

图 7-78　设计变更

7. 快速实现进度款支付管理

1）利用 BIM 可以快速准确地统计出各类构件的数量，减少预算的工作量。

2）传统模式下工程进度款申请和支付结算工作较为烦琐。

3）BIM 技术能形象、快速地完成工程量拆分和重新汇总，为工程进度款结算工作提供技术支持。

结算图如图 7-79 所示。

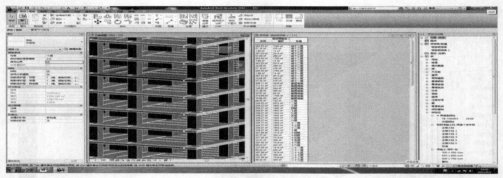

图 7-79　结算图

8. 预算信息模型

预算信息模型是在基本信息模型的基础上增加工程预算信息，形成具有资源和成本信息的子信息模型。预算信息模型包括建筑构件的清单项目类型，工程量清单，人、材、机定额和费率等信息。通过此模型，系统能识别并自动提取建筑构件的清单类型和工程量（如体积、质量、面积、长度）等信息，自动计算建筑构件的资源用量及成本。工程预算存在定额计价和清单计价两种模式。自《建设工程工程量清单计价规范》GB 50500—2003（目前已作废）发布以来，建设工程招标投标过程中清单计价方法成为主流。在清单计价模式下，预算项目往往基于建筑构件进行资源的组织和计价，与建筑构件存在良好的对应关系，满足BIM 信息模型以 3D 数字技术为基础的特征。

9. 工程量动态查询与统计

系统根据计划进度和实际进度信息，可以动态计算任意 WBS 节点任意时间段内每日计划工程量、计划工程量累计、每日实际工程量、实际工程量累计，帮助施工管理者实时掌握工程量的计划完工和实际完工情况。在分期结算过程中，每期实际工程量累计数据是结算的重要参考，系统动态计算实际工程量可以为施工阶段工程款结算提供数据支持。

通过对现场施工进度的控制，依靠 BIM 信息模型实时准确提取各个施工阶段的物资材料计划，如图 7-80 所示。

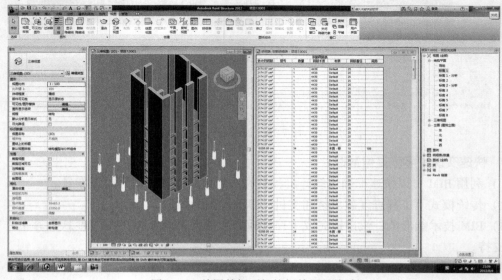

图 7-80　首层外框型钢柱钢筋用量统计

10. 构件自动统计

BIM 中的构件信息是可运算的信息，借助这些信息，计算机可以自动识别模型中的不同构件，并根据模型内嵌的几何和物理信息对各种构件的数量进行统计。使用 BIM 模型来取代图样，直接生成所需材料的名称、数量和尺寸等信息，而且这些信息将始终与设计保持一致。在设计出现变更时，该变更将自动反映到所有相关的材料明细表中，造价工程师使用的所有构件信息也会随之变化，图 7-81 为某工程采用 BIM 模型所显示的不同构件的信息。

图 7-81　构件图

利用 BIM 模型的自动构件统计功能，可以快速准确地统计出各类构件的数量，减少预算的工作量。同时可以及时评估设计变更造成材料数量变化而引起的成本变动，可以提前与甲方沟通或办理签证，如图 7-82 所示。

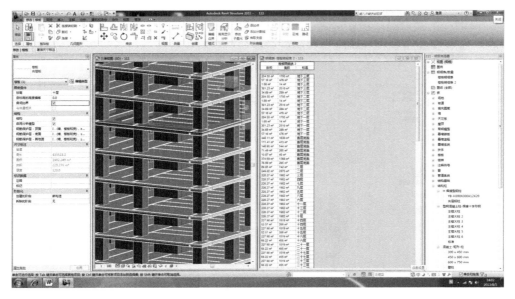

图 7-82　BIM 模型生成构件数据

11. 基于 BIM 的材料数据控制平台

传统管理模式下材料控制的缺点：

1）材料采购计划数据无依据，采购计划由采购员说了算，项目经理只能凭经验签字。

2）施工过程工期紧，领取材料数量无依据，用量上限无法控制。

3）限额领料假流程，事后再补单据。

4）无法对材料的计划用量与实际用量进行分析对比。

基于 BIM 技术的材料数据控制平台（MC）可解决以上问题，如图 7-83 和图 7-84 所示。

图 7-83　人、材、机数据快速获取

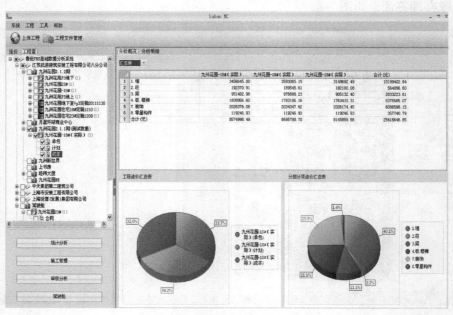

图 7-84　计划与实际对比图

12. 基于 BIM 的 5D 关系数据库

BIM 技术在处理实际成本核算中有着巨大的优势，具体表现如下：

1）通过建立 5D（3D 模型 + 时间 + 成本）关联数据库（图 7-85），提升施工预算的精度与效率。

2）直观地确定不同时间点的资金需求，模拟并优化资金筹措和使用分配，实现投资资金财务收益最大化。

3）数据粒度达到构件级，可以快速提供支撑项目各条线管理所需的数据信息，有效提升施工管理效率。

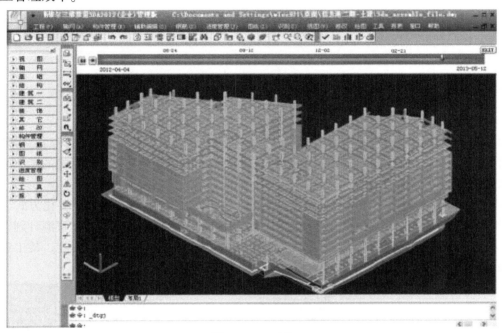

图 7-85 5D 图

基于 BIM 建立的工程 5D（3D 实体 + 时间 + WBS）关系数据库，可以建立与成本相关数据的时间、空间、工序维度关系，数据粒度处理能力达到了构件级，使实际成本数据高效处理分析有了可能，解决方案操作方法如下：

1）创建基于 BIM 的实际成本数据库。建立成本的 5D（3D 实体、时间、工序）关系数据库，让实际成本数据及时进入 5D 关系数据库，成本汇总、统计、拆分对应瞬间可得。以各 WBS 单位工程量人、材、机价格为主要数据进入实际成本 BIM 中。未有合同确定单价的项目，按预算价先进入。有实际成本数据后，及时按实际数据替换掉。

2）实际成本数据及时进入数据库。一开始实际成本 BIM 中成本数据以采取合同价和企业定额消耗量为依据。随着进度进展，实际消耗量与定额消耗量会有差异，要及时调整。每月对实际消耗进行盘点，调整实际成本数据。化整为零，动态维护实际成本 BIM，大幅减少一次性工作量，并有利于保证数据准确性。

材料实际成本要以实际消耗为最终调整数据，而不能以财务付款为标准，材料费的财务支付有多种情况：未订合同进场的、进场未付款的、付款未进场的，以财务付款为成本统计方法将无法反映实际情况，会出现严重误差。仓库应每月盘点一次，将入库材料的消耗情况详细列出清单向成本经济师提交，成本经济师按时调整每个 WBS 材料实际消耗。

人工费实际成本同材料实际成本，按合同实际完成项目和签证工作量调整实际成本数据，一个劳务队可能对应多个 WBS，要按合同和用工情况进行分解落实到各个 WBS。

机械周转材料实际成本同材料实际成本，要注意各 WBS 分摊，有的可按措施费单独立项。

管理费实际成本由财务部门每月盘点，提供给成本经济师，调整预算成本为实际成本，实际成本不确定的项目仍按预算成本进入实际成本。

3）快速实行多维度（时间、空间、WBS）成本分析。建立实际成本 BIM 模型，周期性（月、季）按时调整维护好该模型，统计分析工作就会很轻松，软件强大的统计分析能力可轻松满足我们各种成本分析需求。

7.14　场地与工作面管理

4D-BIM 中将场地的布置和工作面的划分与时间关联起来，可实时查询其动态管理属性信息，方便掌握施工现场的变化情况，达到将有限场地的价值最大化，将紧缺的工作面充沛化的目的。

基于 BIM 技术的施工管理模式是创建信息、管理信息、共享信息的数字化方式，改变了传统的项目管理理念，它的应用可使整个工程项目的施工有效地实现建立资源计划、控制安全风险、降低污染和提高施工效率，从而大大提高施工管理的集成化程度。某工程 BIM 场地布置模型与实际施工场地布置对比如图 7-86 所示。

图 7-86　场地布置模型与实际施工现场对比

基于建立的 BIM 3D 模型，可以对施工场地进行优化布置，合理安排塔式起重机、库房、加工场地和生活区等的位置，优化施工路线，如图 7-87 所示。

施工现场设专人负责管理，使各项材料、机具等按已审定的现场施工平面布置图的位置堆放，如图 7-88 和图 7-89 所示。

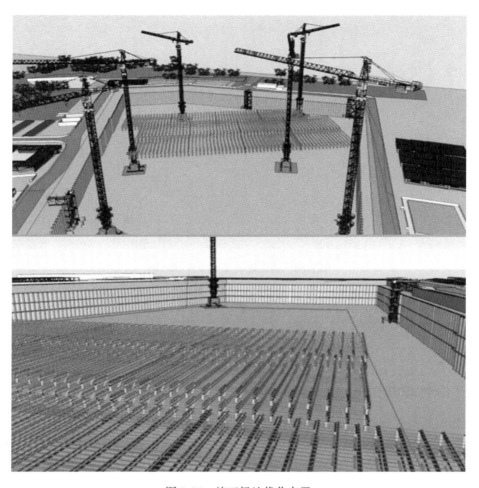

图 7-87　施工场地优化布置

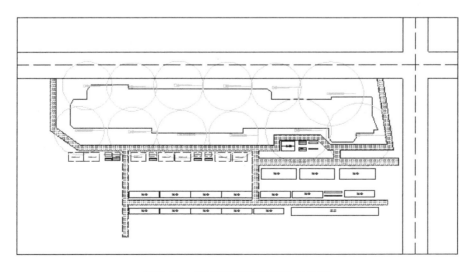

图 7-88　施工现场平面布置 CAD 图

图 7-89　施工现场平面布置 BIM 图

7.15　BIM 技术在绿色施工中的应用

7.15.1　绿色建筑的定义

　　绿色建筑是指在建筑的全寿命周期内，最大限度地节约资源（节能、节地、节水、节材），保护环境和减少污染，为人们提供健康、适用和高效的使用空间，以及与自然和谐共生的建筑。由于气候变化、可持续性发展、建筑舒适度要求提高等方面的因素，绿色建筑的建设和发展已经成为一种趋势。建筑技术和信息技术相结合，建筑是主体。

　　对于绿色建筑来说，注重技术的合理性和有效应用是首要的问题。比如围护结构与节能效果、可再生能源的投资与效益、水处理的经济效益、建筑自动化及运营管理的经济性等问题都值得研究。我国虽然对绿色建筑、可再生能源利用项目已有一定的补贴和激励制度，但与发达国家相比，还存在改善和发展的空间。因此在进行绿色建筑设计时，不应追求各种技术的堆砌，而应因地制宜对各技术进行可行性分析后，选用经济且有效的适用技术体系，将绿色建筑设计与成本有机结合，使绿色理念真正落到实处。在设计时，需采用成熟的绿色建筑技术方案进行基础理念设计，体现绿色建筑的"共性"；采用独特的绿色建筑技术方案进行特色理念设计，体现绿色建筑"个性"。由于绿色建筑技术类别较多在应用绿色建筑技术和产品时，注重先对比学习，而后再选择性应用。现阶段重点引导推广的技术，主要包括围护结构保温、能耗模拟优化、隔声设计、智能化系统、透水地面、雨水回用、CFD 模拟优化等。

7.15.2　绿色施工技术的重要性

　　BIM 是信息技术在建筑中的应用，赋予建筑"绿色生命"，应当以绿色为目的、以 BIM 技术为手段，用绿色的观念和方式进行建筑的规划、设计，采用 BIM 技术在施工和运营阶段促进绿色指标的落实，促进整个行业的进一步资源优化整合。

一座建筑的全生命周期应当包括建筑原材料的获取，建筑材料的制造、运输和安装，建筑系统的建造、运行、维护以及最后的拆除等过程。所以，要想使绿色建筑的全生命周期更富活力，就要在节地、节水、节材、节能及施工管理、运营及维护管理等方面不断推进整体行业向绿色建筑方向行进。

BIM技术的出现打破了业主、设计、施工、运营之间的隔阂和界限，实现对建筑全生命周期管理。绿色建筑目标的实现离不开设计、规划、施工、运营等各个环节，而BIM技术则是助推各个环节向绿色指标靠得更近的先进技术手段。

利用BIM进行绿色建筑分析（可持续性设计），可进行能耗分析、选择低环境影响的建筑材料等，还可以进行环境生态模拟，包括日照模拟、日照热的情景模拟及分析、二氧化碳排放计算、自然通风和混合系统情况仿真、通风设备及控制系统效益评估、采光情景模拟、环境流体力学情景模拟等，达到保护环境、资源充分及可持续利用的目的，并且能够给人们创造一种舒适的生活环境，功能应用的实例如图7-90所示。

图7-90　绿色建筑功能的应用

7.15.3　基于BIM的建筑性能化分析

建设项目的景观可视度、日照、风环境、热环境、声环境等性能指标在开发前期就已经基本确定，但是由于缺少合适的技术手段，一般项目很难有时间和费用对上述各种性能指标进行多方案分析模拟，BIM技术为建筑性能分析的普及应用提供了可能性。为推动建筑性能化分析，可开展以下工作：

1）室外风环境模拟：改善住区建筑周边人行区域的舒适性，通过调整规划方案建筑布局、景观绿化布置，改善住区流场分布、减小涡流和滞风现象，提高住区环境质量；分析大风情况下，哪些区域可能因狭管效应引发安全隐患等。

2）自然采光模拟：分析相关设计方案的室内自然采光效果，通过调整建筑布局、饰面材料、围护结构的可见光透射比等，改善室内自然采光效果，并根据采光效果调整室内布局布置等。

3）室内自然通风模拟：分析相关设计方案，通过调整通风口位置、尺寸、建筑布局等改善室内流场分布情况，并引导室内气流组织有效的通风换气，改善室内舒适情况。

4）小区热环境模拟分析：模拟分析住宅区的热岛效应，采用合理优化建筑单体设计、群体布局和加强绿化等方式削弱热岛效应。

5）建筑环境噪声模拟分析：计算机声环境模拟的优势在于，建立几何模型之后，能够在短时间内通过材质的变化，房间内部装修的变化，来预测建筑的声学质量，以及对建筑声学改造方案进行可行性预测。

绿色建筑技术及产品的应用将大大提升建筑的舒适性和环保性能，为业主提供更高品质的绿色生活。而在建筑科技的实践过程中，通过 BIM 技术应用的不断完善和调整，对设计、工程管理要求的"取法极致"。

7.15.4 节地与室外环境

节地不仅仅是施工用地的合理利用，建筑设计前期的场地分析、运营管理中的空间管理也同样包含在内。

1. 场地分析

场地分析是研究影响建筑物定位的主要因素，是确定建筑物的空间方位和外观、建立建筑物与周围景观联系的过程。BIM 结合地理信息系统（Geographic Information System，简称 GIS），对现场及拟建的建筑物空间数据进行建模分析，结合场地使用条件和特点，做出理想的现场规划、交通流线组织关系。利用计算机可分析出不同坡度的分布及场地坡向，建设地域发生自然灾害的可能性，区分可适宜建设与不适宜建设区域，对前期场地设计可起到至关重要的作用。

2. 土方开挖

利用场地合并模型，在 3D 模型中直观查看场地挖填方情况，对比原始地形图与规划地形图得出各区块原始平均高程、设计高程、平均开挖高程，然后计算出各区块挖填方量（图 7-91）。

3. 施工用地

建筑施工是一个高度动态的过程，随着建筑工程规模不断扩大，复杂程度不断提高，使得施工项目管理变得极为复杂。施工用地、材料加工区、堆场也随着工程进度的变换而调整，BIM 的 4D 施工模拟技术可以在项目建造过程中合理制订施工计划、精确掌握施工进度、优化使用施工资源以及科学地进行场地布置。

4. 空间管理

空间管理是业主为节省空间成本、有效利用空间、为最终用户提供良好工作生活环境而对建筑空间所做的管理。BIM 可以帮助管理团队记录空间的使用情况，处理最终用户要求空间变更的请求，分析现有空间的使用情况，合理分配建筑物空间，确保空间资源的最大利用率，如图 7-92 所示。

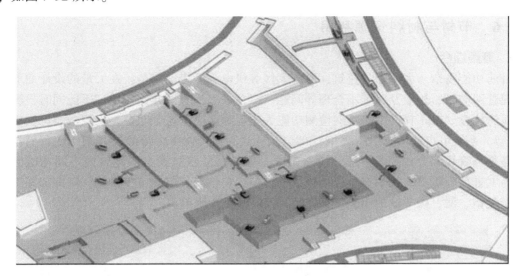

图 7-91　土方开挖

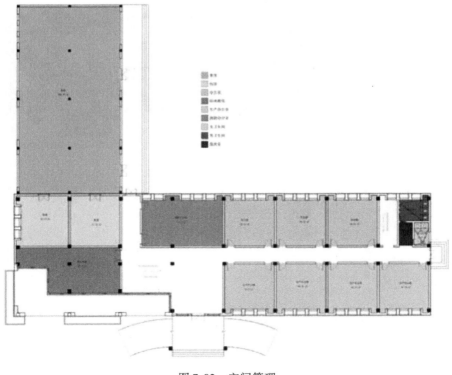

图 7-92　空间管理

7.15.5　节水与水资源利用

BIM 技术在节水方面的应用体现在协助土方量的计算，模拟土地沉降、场地排水设计，以及分析建筑的消防作业面，设置最经济合理的消防器材。设计规划每层排水地漏位置以及雨水等非传统水源收集，循环利用。

7.15.6　节材与材料资源利用

1. 管线综合

目前功能复杂、大体量的建筑、摩天大楼等机电管网错综复杂，在大量的设计面前很容易出现管网交错、相撞及施工不合理等问题，以往人工检查图样比较单一不能同时检测平面和剖面的位置。BIM 软件中的管网检测功能为工程师解决了这个问题。检测功能可生成管网 3D 模型，系统可自动检查出"碰撞"部位并标注，这样使得大量的检查工作变得简单。空间净高是与管线综合相关的一部分检测工作，基于 BIM 信息模型对建筑内不同功能区域的设计高度进行分析，查找不符合设计规划的部位，将情况反馈给施工人员，以此提高工作效率，避免错、漏、碰、缺的出现，如图 7-93 和图 7-94 所示。

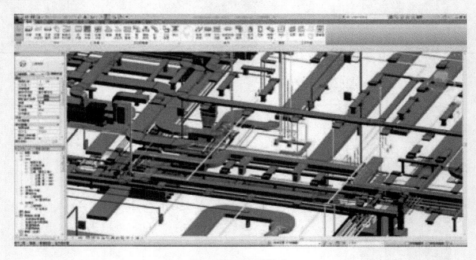

图 7-93　管线综合

名称	碰撞14
距高	-0.16m
说明	硬碰撞
状态	新
碰撞点	13.60m, 21.11m, -10.71m
创建日期	2012/7/6 04:59:48

项目 1

图层	地下三层 -16.4
项目 名称	AZ25a
项目 类型	实体

项目 2

元素 ID	756418
图层	地下三层
项目 名称	1.0 W
项目 类型	合成部分

图 7-94　碰撞检测

2. 复杂工程预加工预拼装

BIM 技术最拿手的是复杂形体设计及建造应用，可针对复杂形体进行数据整合和验证，使得多维曲面的设计得以实现。应用信息技术系统及设备，现代建筑师可以直观地展示新时代的设计理念和建筑美学，可以尽情地表达大胆的创意和神奇的构思，塑造并优化创作成果，使其创作成果达到传统创作方式无法比拟的新境界。而工程师可利用计算机对复杂的建筑形体如曲面幕墙及复杂钢结构，进行拆分后利用 3D 信息模型进行解析，在计算机中进行预拼装，分成网格块编号，进行模块设计，然后送至工厂按模块加工，再送到现场拼装即可。同时数字模型也可提供大量建筑信息，包括曲面面积统计、经济形体设计及成本估算等，如图 7-95 所示，见表 7-5。

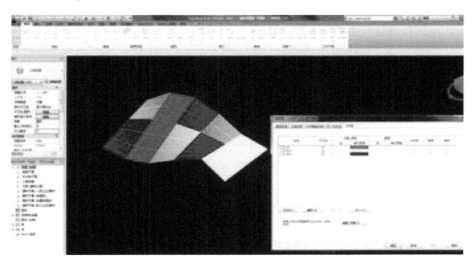

图 7-95　幕墙曲面分析

表 7-5　幕墙嵌板曲度边长表

族	边长 1	边长 2	边长 3	边长 4	面积	注释
共享参数练习-族	15179	6706	15943	7289	108.280m²	
共享参数练习-族	15203	7289	15311	7865	115.315m²	
共享参数练习-族	15311	7289	15505	7865	116.083m²	
共享参数练习-族	15347	7865	16147	6558	113.280m²	2 月 1 日
共享参数练习-族	15782	7289	16139	7865	119.075m²	1 月 2 日
共享参数练习-族	15943	6706	17879	7289	116.505m²	
共享参数练习-族	16147	7865	17990	6558	121.527m²	1 月 1 日
共享参数练习-族	16335	6558	17652	7279	116.331m²	
共享参数练习-族	16947	6558	15881	7279	113.028m²	
共享参数练习-族	17271	7865	15749	6558	117.331m²	
共享参数练习-族	17550	6706	15759	7289	115.551m²	
共享参数练习-族	17879	6706	20661	7289	131.238m²	1 月 3 日
共享参数练习-族	19653	7865	17271	6558	129.161m²	
总计：25	401479				2854.878m²	

3. 物料跟踪

随着建筑行业标准化、工厂化、数字化水平的提升，以及建筑使用设备复杂性的提高，越来越多的建筑及设备构件通过工厂加工并运送到施工现场进行高效的组装。根据 BIM 中得出的进度计划，提前计算出合理的物料进场数目。BIM 结合施工计划和工程量造价，可以实现 5D（3D 模型 + 进度 + 成本）应用，做到"零库存"施工，见表 7-6。

表 7-6　结构柱材质明细表

族与类型	材质:名称	材质:体积	材质:成本	体积	顶部偏移	顶部标高	底部标高	图样问题
混凝土-矩形-柱：KZ4a 1100mm×1100mm	混凝土-现场浇筑混凝土-C60	6.41m³	450 元/m³	6.41m³	5300	地下四层	地下四层	
混凝土-矩形-柱：KZ5 1200mm×1200mm	混凝土-现场浇筑混凝土-C60	45.79m³	450 元/m³	7.63m³	5300	地下四层	地下四层	
混凝土-矩形-柱：KZ5a 1200mm×1200mm	混凝土-现场浇筑混凝土-C60	7.63m³	450 元/m³	7.63m³	5300	地下四层	地下四层	
混凝土-矩形-柱：KZ6 600mm×600mm	混凝土-现场浇筑混凝土-C60	1.91m³	450 元/m³	1.91m³	5300	地下四层	地下四层	
混凝土-矩形-柱：KZ6 800mm×800mm	混凝土-现场浇筑混凝土-C60	3.39m³	450 元/m³	3.39m³	0	结构-3	地下四层	wt-B4-无
混凝土-矩形-柱：KZ6a 600mm×600mm	混凝土-现场浇筑混凝土-C60	1.75m³	450 元/m³	1.75m³	5300	地下四层	地下四层	
混凝土-矩形-柱：KZ6a 600mm×600mm	混凝土-现场浇筑混凝土-C60	11.45m³	450 元/m³	1.91m³	5300	地下四层	地下四层	
混凝土-矩形-柱：KZ6b 600mm×600mm	混凝土-现场浇筑混凝土-C60	1.91m³	450 元/m³	1.91m³	5300	地下四层	地下四层	wt-B4
住宅结构柱：住宅结构柱	混凝土-现场浇筑混凝土-C60	295.93m³	450 元/m³	295.93m³				
圆管柱:酒店-钢管柱φ800mm	金属-钢-345MPa	1.99m³		0.07m³	0	酒店结构	酒店结构	
圆管柱:酒店-钢管柱φ950mm	金属-钢-345MPa	21.33m³		0.09m³	0	酒店结构	酒店结构	
圆管柱:酒店-钢管柱φ950mm	金属-钢-345MPa	2.48m³		0.09m³	0	酒店结构	酒店结构	
圆管柱:酒店-钢管柱φ950mm	金属-钢-345MPa	2.77m³		0.11m³	0	酒店结构	酒店结构	
圆管柱:酒店-钢管柱φ1100mm	金属-钢-345MPa	2.75m³		0.10m³	0	酒店结构	酒店结构	
圆管柱:酒店-钢管柱φ1100mm	金属-钢-345MPa	3.75m³		0.14m³	0	酒店结构	办公楼结	

（续）

族与类型	材质:名称	材质:体积	材质:成本	体积	顶部偏移	顶部标高	底部标高	图样问题
圆管柱;酒店-钢管柱 φ1100mm	金属-钢-345MPa	26.99m³		0.17m³	0			
圆管柱;酒店-钢管柱 φ1100mm	金属-钢-345MPa	5.00m³		0.19m³	0	办公楼结	办公楼结	
混凝土-矩形-柱: 500mm×500mm	混凝土-现场浇筑 混凝土-C60	3.98m³	450 元/m³	1.33m³	5300	地下四层	地下四层	

7.15.7　节能与能源利用

以 BIM 技术推进绿色建筑，节约能源，降低资源消耗和浪费，减少污染是建筑发展的方向和目的，是绿色建筑发展的必由之路。节能在绿色环保方面具体有两种体现：一是帮助建筑形成资源的循环使用，这包括水能循环、风能流动、自然光能的照射，科学地根据不同功能、朝向和位置选择最适合的构造形式；二是实现建筑自身的减排，构建时，以信息化手段减少工程建设周期，运营时，在满足使用需求的同时，还能保证最低的资源消耗。

1. 方案论证

在方案论证阶段，项目投资方可以使用 BIM 来评估设计方案的布局、视野、照明、安全、人体工程学、声学、纹理、色彩及规范的遵守情况。BIM 甚至可以做到建筑局部的细节推敲，迅速分析设计和施工中可能需要应对的问题。BIM 可以包含建筑几何形体以外的很多专业信息，其中也包括许多用于执行生态设计分析的信息。利用 Revit 创建的 BIM 模型通过 gbXML 这一座桥梁可以很好地将建筑设计和生态设计紧密联系在一起，设计的内容将不单单是体量、材质、颜色等，而是动态的、有机的。Autodesk Ecotect Analysis 是市场上比较全面的概念化建筑性能分析工具，软件提供了许多即时性分析功能，如光照、日光阴影、太阳辐射、遮阳、热舒适度、可视度分析等，而得到的分析结果往往是实时的、可视化的，很适合建筑师在设计前期把握建筑的各项性能，如图 7-96 所示。

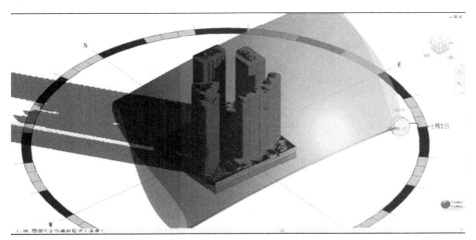

图 7-96　光照分析

2. 建筑系统分析

建筑系统分析是对照业主使用需求及设计规定来衡量建筑物性能的过程，包括机械系统如何操作和建筑物能耗分析、内外部气流模拟、照明分析、人流分析等涉及建筑物性能的评估。BIM 结合专业的建筑物系统分析软件避免了重复建立模型和采集系统参数。通过 BIM 可以验证建筑物是否按照特定的设计规定和可持续标准建造，通过这些分析模拟，最终确定、修改系统参数甚至系统改造计划，以提高整个建筑的性能，建立智能化的绿色建筑。

7.15.8 施工及运营管理

1. 建筑策划

BIM 能够帮助项目团队在建筑规划阶段，通过对空间的分析来理解复杂空间。特别是在客户讨论需求、选择以及分析最佳方案时，能借助 BIM 及相关分析数据，做出关键性的决定。以前一座建筑的诞生是由设计人员将脑中的 3D 建筑构想用 2D 图样表现出来，再经由施工人员读取 2D 图样来构建 3D 建筑的过程。而 BIM 由 3D 立体模型表述，从初始就是可视化的、协调的，直观形象地表现出建筑建成后的样子，然后根据需要从模型中提取信息，将复杂的问题简单化。

2. 施工进度模拟

当前建筑工程项目管理中经常用于表示进度计划的甘特图，由于专业性强，可视化程度低，无法清晰描述施工进度以及各种复杂关系，难以准确表达工程施工的动态变化过程。通过将 BIM 与施工进度计划相链接，将空间信息与时间信息整合在一个可视的 4D（3D + 时间）模型中，可以直观、精确地反映整个建筑的施工过程（图 7-97）。对整个工程的施工进度、资源和质量进行统一管理和控制，以缩短工期、降低成本、提高质量。此外借助 4D 模型，施工企业在工程项目投标中将获得竞标优势，BIM 可以协助评标专家从 4D 模型中很快了解投标单位对投标项目主要的施工控制方法、施工安排是否均衡，总体计划是否基本合理等，从而对投标单位的施工经验和实力做出有效评估。BIM360 使 BIM 模型可以从网页上调用，配合施工现场的实时监控，使工程师在办公室就可以了解施工现场的情况。

图 7-97 4D 施工进度模拟

3. 运营维护

BIM 技术的应用不仅仅体现在建筑的设计、规划、施工等阶段，而且还体现在绿色建筑运营阶段。在建筑物使用寿命期间，建筑物结构设施（如墙、楼板、屋顶等）和设备设施（如设备、管道等）都需要不断进行维护。一个成功的维护方案将提高建筑物性能，降低能耗和修理费用，进而降低总体维护成本。BIM 模型结合运营维护管理系统可以充分发挥空间定位和数据记录的优势，合理制订维护计划，分配专人专项维护工作，以降低建筑物在使用过程中出现突发状况的概率。对一些重要设备还可以跟踪维护工作的历史记录，以便对设备的使用状态提前做出判断。

4. 灾害应急模拟

利用 BIM 及相应灾害分析模拟软件，可以在灾害发生前，模拟灾害发生的过程，分析灾害发生的原因，制订避免灾害发生的措施，以及发生灾害后人员疏散、救援支持的应急预案。当灾害发生后，BIM 模型可以给救援人员提供紧急状况点的完整信息，配合温感探头和监控系统发现温度异常区，获取建筑物及设备的状态信息，通过 BIM 和楼宇自动化系统的结合，使得 BIM 模型能清晰地呈现出建筑物内部紧急状况的位置，甚至到紧急状况点最合适的路线，救援人员可以由此做出正确的现场处置，提高应急行动的成效。随着建筑设计的日新月异，规范已经无法满足超高型、超大型或异形建筑空间的消防设计。BIM 数字模拟人员疏散时间、疏散距离、有毒气体扩散时间、建筑材料耐燃烧极限、消防作业面等，根据这些数据，可以制订出最安全的人员疏散方案，为发生意外时减少损失赢得宝贵时间。

综合上述应用，总的来说利用 BIM 可以在建筑建造前做到可持续设计分析、控制材料成本、节水、节电、控制建筑能耗减少碳排量等，到后期可使雨水收集量计算、太阳能采集量、建筑材料老化更新等工作做得更合理。在倡导绿色环保的今天，建筑建造需要采用更清洁、更有效的技术，尽可能减少能源和其他自然资源的消耗，建立极少产生废料和污染物的工艺和技术系统。可以看出利用 BIM 并不是只能模拟设计出的建筑物模型，还可以模拟不能够在真实世界中进行操作的工作，例如节能模拟、紧急疏散模拟、日照模拟、热能传导模拟等。在招标投标和施工阶段可以进行 4D 模拟（3D + 模型时间），也就是根据施工的组织设计模拟实际施工，从而来确定合理的施工方案指导施工。同时还可以进行 5D 模拟（基于 4D 模型的造价控制），从而来实现成本控制。后期运营阶段可以进行日常紧急情况处理方式的模拟，例如地震人员逃生模拟及前文提到的消防人员疏散模拟等。

7.16 BIM 移动终端管理

7.16.1 BIM 移动终端软件

1）广联达算量系列，包括土建算量 GCL、钢筋算量 GGJ、安装算量 GQI。

2）Revit，通过插件无损地支持 Revit 建筑、机电模型及附属信息。

3）通过国际标准 IFC 支持 ArchiCAD、Tekla、MagiCAD 等，即将推出。

7.16.2 Luban BE（BIM 浏览器）——单项目数据协同管理

BIM 创建好后，通过 Luban BE（BIM 浏览器）客户端（以下简称 BE），所有管理人员可以随时随地根据时间、工序、区域等多个维度查询单项目的实物量数据。

查询方式简单方便，可以定位任意项目的区域位置，能实时查询该在建项目的周边环境、即时天气情况等，如图 7-98 所示。

图 7-98　通过 BE 快速定位项目地理位置

最主要的是，只需输入关键词，便能检索某一时间段、某区域的工程量数据，实现按时间、区域多维度检索与统计数据。在项目管理中，使材料计划、成本核算、资源调配计划、产值统计（进度款）等方面及时准确地获得基础数据的支撑，如图 7-99 所示。

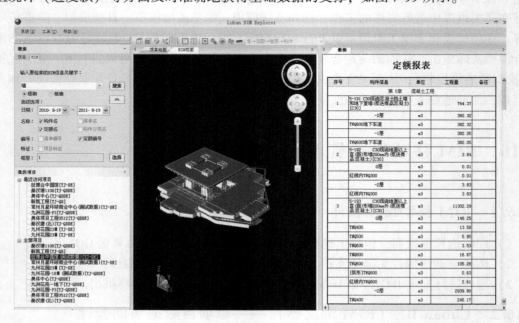

图 7-99　通过 BE 快速检索项目数据

7.16.3　Luban MC（管理驾驶舱）——多项目协作管理

多项目数据统计分析是基于BIM的6D数据高价值应用，实现该应用的客户端是Luban MC（管理驾驶舱）（以下简称MC）。

MC是一个以BIM技术为依托的工程成本数据平台，将前沿的BIM技术应用到了建筑行业的成本管理当中。只要将包含成本信息的BIM模型上传到系统服务器，系统就会自动对文件进行解析，同时将海量的成本数据进行分类和整理，形成一个多维度、多层次、包含3D图形的成本数据库。

通过互联网技术，系统将不同的数据发送给不同的人。通过MC可以看到项目资金使用情况，可以看到造价指标信息，可以查询下月材料使用量，不同岗位不同角色各取所需，共同受益，提高协同效率，从而对所开发项目的各类动态数据了如指掌，能实时掌控动态成本，如图7-100所示。

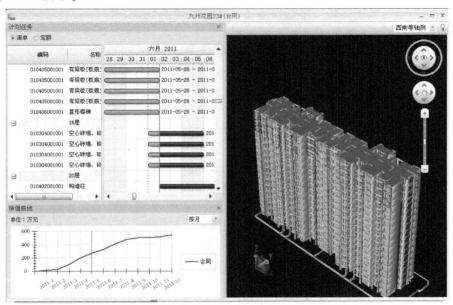

图7-100　形象进度、动态成本监控

采用无线移动终端等技术，把预制、加工等工厂制造的部件、构件，从设计、采购、加工、运输、存储、安装、使用的全过程与BIM模型集成，实现数据库化、可视化管理，避免任何一个环节出现问题给施工进度和质量带来影响，如图7-101所示。

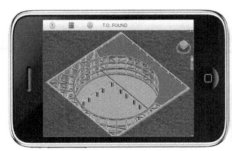

图7-101　BIM移动终端平台展示

7.16.4 iPad 版浏览器

1. 便捷的浏览功能

通过 iPad 版浏览器可以用手指对模型进行放大、缩小、平移等操作，也可以在建筑内部用导航盘行走、张望，还可以在小地图中点击跳转，任意浏览模型，如图 7-102 所示。

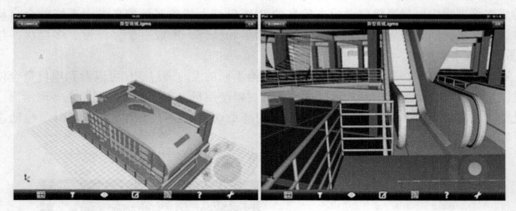

图 7-102　在 iPad 中浏览 3D 模型

2. 查看模型属性

通过 iPad 版浏览器可以在模型中任意点击构件然后查看其类型、材质、体积等属性信息，如图 7-103 所示。

图 7-103　点击构件查看属性

3. 过滤

通过 iPad 版浏览器可以根据楼层、构件类型等多种属性，对模型进行过滤，如图 7-104 所示。

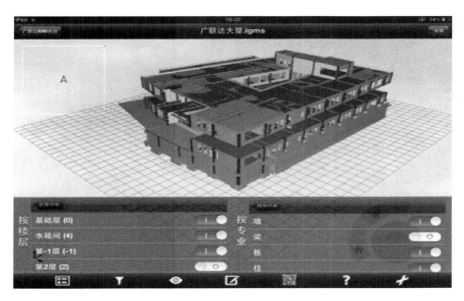

图 7-104　模型过滤图

4. 视点与批注

通过 iPad 版浏览器可以用视点功能（也叫 3D 书签）记录模型中比较感兴趣的部位，以便于以后随时回到该位置；也可以在视点上进行红线批注，记录模型问题，方便与他人进行沟通，如图 7-105 所示。

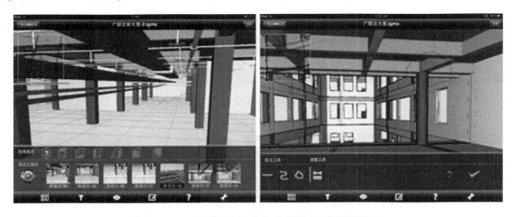

图 7-105　通过视点及批注在现场记录模型问题

5. 二维码定位

通过 iPad 版浏览器可以将模型构件与二维码关联，使用拍照二维码，快速定位到所需的构件。

7.16.5　应用场景

1. 复杂部位施工现场指导施工

对于复杂的部位，可以在移动终端中浏览模型以及构件中关联的信息，以更好地理解设计，指导施工，如图 7-106 所示。

图 7-106　模型与图样指导现场施工

2. 施工现场的检查与记录

利用 BIM 移动终端可以在现场核对、记录问题，可以通过模型测量距离并与实际工程对比，如图 7-107 和图 7-108 所示。

图 7-107　设计模型与实际施工对比一

图 7-108　设计模型与实际施工对比二

7.17　竣工交付

BIM 区别于 2D 图样的最大特性，就是它的元素实际构件化，故此也就使自动统计工程量明细成为可能。这一点一方面可将成本控制人员从繁琐的图样工程量统计中解脱出来，极大提高工作效率；另一方面，其精确性、客观性也更容易让甲乙双方所接受。

BIM 工作完成后交付的成果包括：BIM 模型文件、设计说明、计算书、消防、规划 2D 图样、设计变更、重要阶段性修改记录和可形成企业资产的交付及信息。BIM 模型和交付图样统一、信息对应，文件采用 RVT、DNG 或 DWF 格式文件。

7.17.1　BIM 模型交付质量要求

1）所提交的模型，各专业内部及专业之间无构件碰撞问题。

2）严格保证 BIM 模型与 2D CAD 图样包含的信息一致。

3）机电管线系统建模采用 Revit MEP。提交模型时必须同时提供 nwc 或 nwd 格式模型，用于 Navisworks 下的模型整合。

4）为限制文件大小，所有模型在提交时必须清除未使用项，删除所有导入文件和外部参照链接，同时模型中的所有视图必须经过整理，只保留默认的视图和视点，其他都删除。

5）与模型文件一同提交的说明文档中必须包括：模型的原点坐标描述，模型建立所参照的 CAD 图样情况。

6）针对设计阶段的 BIM 应用点，每个应用点分别建立一个文件夹。对于 3D 漫游和设计方案比选等应用，提供 avi 格式的视频文件和相关说明；对于工程量统计、日照和采光分析、能耗分析、声环境分析、通风情况分析等应用，提供成果文件和相关说明。

7）设计方各阶段的 BIM 模型（方案阶段、初步设计阶段、施工图阶段）通过业主认可的第三方咨询机构审查后，才能进行 2D 图样正式出图。

8）竣工模型应在施工图模型的基础上添加生产信息（生产厂家、生产日期等）、运输信息（进场信息、存储信息）、安装信息（浇筑、安装日期，操作单位）和产品信息（技术参数、供应商、产品合格证等），如有在设计阶段还没能确定外形结构的设备及产品，竣工模型中必须添加与现场一致的模型。

7.17.2　BIM 模型移交建议

如果设计单位能够提供相应的 BIM 设计模型，为了保证此模型能够与施工阶段 BIM 应用模型进行对接，对设计单位的建模工作提出以下建议：

1）提供模型的建立依据，如图样版本、调整过程记录等，方便接收后的模型维护工作。

2）提供模型的建立原则：如命名规则、建模精度、系统划分原则、颜色管理、参数添加等，如有可能，可在建模前与接收单位进行沟通，统一建模标准。

3）确保模型与设计图样内容一致，特别是综合管线的标高、设备安装定位等信息，保证模型的准确性。

4）提供建模软件的版本号、相关插件的说明。

5）如有未能在模型中体现出的设计信息，如保温层、管道特殊要求等，应在移交报告中进行详细说明。

6）模型交付时间建议在图样确认后一个月内完成，方便施工准备阶段模型的建立。

7.17.3　BIM 交付成果样例

BIM 交付成果样例如图 7-109 所示。

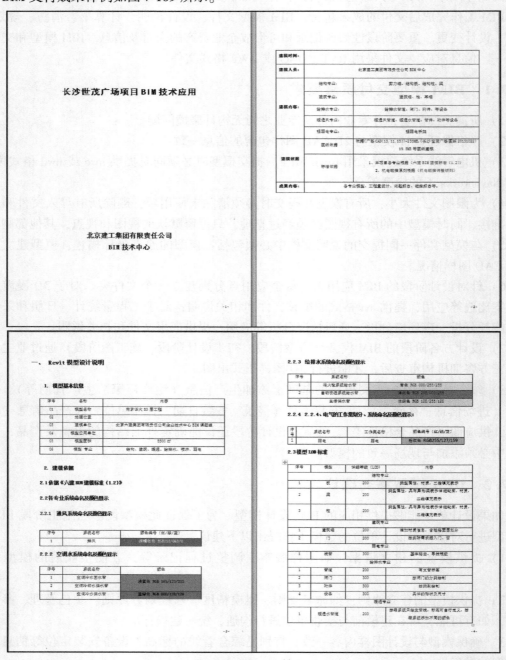

图 7-109　BIM 交付成果

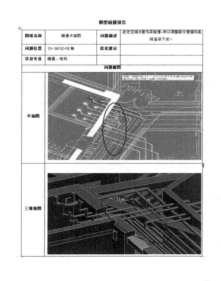

图 7-109　BIM 交付成果（续）

7.18　物料跟踪管理

7.18.1　传统材料管理特点

传统材料管理模式就是企业或者项目部根据施工现场实际情况制订相应的材料管理制度和流程，这个流程主要是依靠施工现场的材料员、保管员、施工员来完成。施工现场的多样性、固定性和庞大性，决定了施工现场材料管理具有周期长、种类繁多、保管方式复杂等特性，这些特性决定了施工现场材料管理具有以下特点：

1）施工周期长决定了施工现场材料管理周密复杂、露天保管多。

2）施工过程不确定性决定了现场材料管理变化多端，往往计划赶不上变化。

3）专业工种多决定了现场材料品种繁多，小到一个螺钉、大到上百吨甚至更多的大宗材料。

7.18.2　传统材料管理存在的问题

1）核算不准确，要么造成大量材料现场积压、占用大量资金、工程成本上扬，要么停工待料，无法满足预定工期要求。

2）材料申报审核不严造成错误采购，损失大量资金。

3）变更签证手续办理不及时导致变更手续失效，最后与业主扯皮，甚至造成没必要的损失。

7.18.3 基于 BIM 的物料管理

1. 安装材料 BIM 模型数据库

项目部拿到机电安装各专业施工图样后，由 BIM 项目经理组织各专业机电 BIM 工程师进行 3D 建模，并将各专业模型组合到一起，形成安装材料 BIM 模型数据库，该数据库是以创建的 BIM 机电模型和全过程造价数据为基础，把原来分散在各专业手中安装的工程信息模型汇总到一起，形成一个汇总的项目级基础数据库，建立与应用流程如图 7-110 所示。

图 7-110　安装材料 BIM 模型数据库建立与应用流程

项目部各岗位人员及企业不同部门都可以进行数据的查询和分析，为项目部材料管理和决策提供数据支撑，数据库运用构成如图 7-111 所示。

2. 安装材料分类控制

材料的合理分类是材料管理的一项重要基础工作，安装材料 BIM 模型数据库的最大优势是包含材料的全部属性信息。在进行数据建模时，各专业建模人员对施工所使用的各种材料属性，按其需用量的大小、占用资金多少及重要程度进行"星级"分类和科学合理的控制。

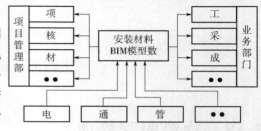

图 7-111　安装材料 BIM 数据库运用构成图

根据安装工程材料的特点，对需用量大、占用资金多、专用或备料难度大的材料，建模时属性定义为"三星类材料"，必须严格按照设计施工图及 BIM 机电模型，逐项进行认真仔细的审核，做到规格、型号、数量完全准确。对管道、阀门等通用主材定义为"二星类材料"，可以根据 BIM 模型提供的数据，精确控制材料及使用数量。对资金占用少、需用量小、比较次要的辅助材料定义为"一星类材料"，可采用一般常规的计算公式及预算定额含量确定。无锡某项目上对 BF-5 及 PF-4 两个风系统的材料分类控制如图 7-112 所示。

构件信息	计算式	单位	工程量	等级
送风管400×200	风管材质：普通钢管 规格：400×200	m²	31.14	★★
送风管500×250	风管材质：普通钢管 规格：400×250	m²	12.68	★★
送风管1000×400	风管材质：普通钢管 规格：1000×400	m²	8.95	★★
单层百叶风口800×320	风口材质：铝合金	个	4	★★
单层百叶风口630×400	风口材质：铝合金	个	1	★★
对开多叶调节阀	构件尺寸：800×400×210	个	3	★★
防火调节阀	构件尺寸：200×160×150	个	2	★★
风管法兰25×3	角钢规格30×3	m	78.26	★★★
排风机PF-4	规格：DEF-I-100AI	台	1	★

图 7-112　BIM 模型安装材料分类控制表截图

3. 用料交底

BIM 与传统 CAD 相比，具有可视化的显著特点。设备、电气、管道、通风空调等安装专业 3D 建模并碰撞检查后，BIM 项目经理组织各专业 BIM 项目工程师进行综合优化，提前消除施工过程中各专业可能遇到的碰撞。项目核算员、材料员、施工员等管理人

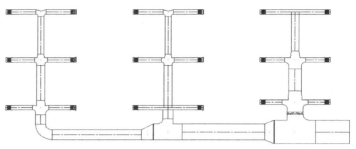

图 7-113　K-1 空调送风系统平面图

员应熟读施工图样、理解透彻 BIM 3D 模型、吃透设计思想，并按施工规范要求向施工班组进行技术交底，将 BIM 模型中用料意图灌输给施工班组，用 BIM 3D 模型、CAD 图样或者表格下料单等形式做好用料交底，防止施工班组"长料短用、整料零用"，做到物尽其用，减少浪费及边角料，把材料消耗降到最低限度。无锡某项目 K-1 空调风系统平面图、3D 模型如图 7-113 和图 7-114 所示，下料单见表 7-7。

图 7-114　K-1 空调送风系统 BIM 3D 模型

表 7-7　K-1 空调送风系统直管段下料清单

序号	风管规格/mm	下料规格/mm	数量/节	序号	风管规格/mm	下料规格/mm	数量/节
1	2400×500	1160	19	8	1250×500	600	1
		750	1	9	1000×500	1160	2
2	2000×500	1000	1			600	1
3	1400×400	1160	8	10	900×500	1160	2
		300	1			800	1
4	900×400	1160	8	11	800×400	1160	10
		300	1			600	1
5	800×320	1000	1	12	400×200	1160	32
		500	1			1000	14
6	630×320	1160	4			800	18
		1000	3				
7	500×250	1160	21				
		1000	6				
		500	1				

4. 限额发料

安装材料的精细化管理一直是项目管理的难题，施工现场材料的浪费、积压等现象司空见惯，运用 BIM 模型，结合施工程序及工程形象进度周密安排材料采购计划，不仅能保证工期与施工的连续性，而且能用好用活流动资金、降低库存、减少材料二次搬运。同时，材料员根据工程实际进度，可方便地提取施工各阶段材料用量，在下达施工任务书中，附上完成该项施工任务的限额领料单，作为发料部门的控制依据，实行对各班组限额发料，防止错发、多发、漏发等无计划用料，从源头上做到材料的"有的放矢"，减少施工班组对材料的浪费，某工程 K-1 送风系统部分规格材料申请清单截图如图 7-115 所示。

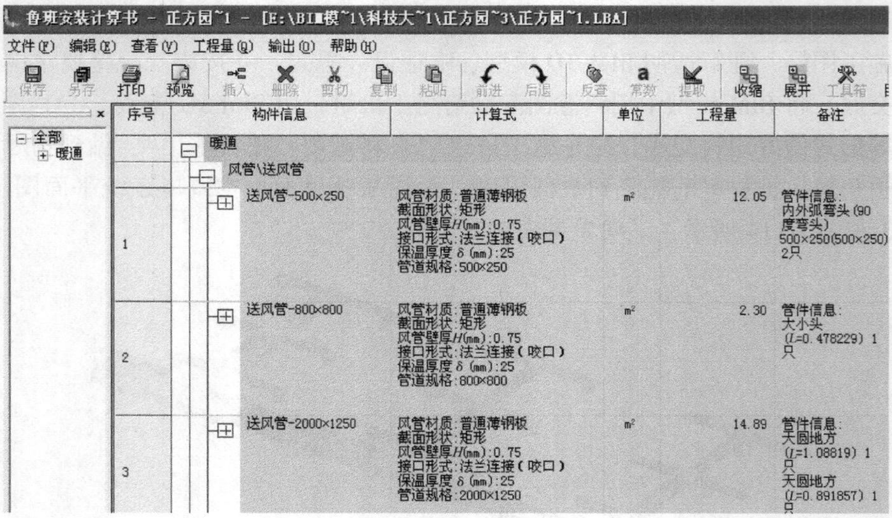

图 7-115　限额发料清单截图

5. 材料变更清单

工程设计变更和增加签证在项目施工中会经常发生。工程变更不及时，往往会造成材料积压。BIM 模型在动态维护过程中，可以及时地将变更图样进行 3D 建模，将变更发生的材料、人工等费用准确、及时地计算出来，便于办理变更签证手续，保证工程变更签证的有效性。项目经理部在接收工程变更通知书执行前，应有因变更造成材料积压的处理意见，原则上要由业主收购，否则，如果处理不当就会造成材料积压，无端地增加材料成本，变更图及 BIM 模型如图 7-116 所示，工程量材料清单见表 7-8。

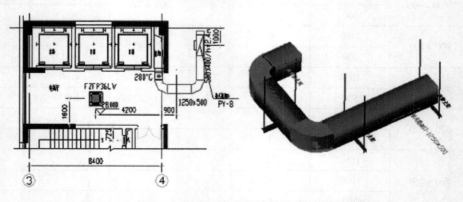

图 7-116　某工程四至十八层排烟管道变更图及 BIM 模型

表7-8 变更工程量材料清单

序号	构件信息	计算式	单位	工程量	控制等级
1	排风管 – 500×400	普通薄钢板风管：500×400	m²	179.85	★★
2	板式排烟口 – 1250×500	防火排烟风口材质：铝合金	只	15	★★
3	风管防火阀	风管防火阀：500×400×220	台	15	★★
4	风管法兰	风管法兰规格：角钢30×3	m	84.00	★
5	风管支架	构件类型：吊架 单体质量：1.2kg	只	45	★

7.19 工厂预制加工专业

7.19.1 钢筋加工

1）钢筋精确下料，钢筋BIM模型如图7-117所示。

2）工作面大，工人多的时候，可能会因为交底不清楚，导致质量问题。采用BIM技术可指导施工，如图7-118所示。

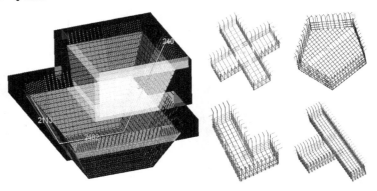

图7-117 钢筋BIM模型

序号	构件名称	只数	规格	每只根数	简图	简图说明	搭接说明	单长/mm	总根数	总长/m	总重/kg	备注	构件小计/kg
1	KZ 32	1	Φ32	2	2720 ⊥ 100			2758	2	5.512	34.7	基础插筋弯锚1,15	194.8
2			Φ28	4	1600 ⊥ 100			1644	4	6.576	31.7	基础插筋弯锚2,14,16,18	
3			Φ25	3	2720 ⊥ 100			2770	3	8.310	32.0	基础插筋弯锚3,13,17	
4			Φ32	2	1600 ⊥ 100			1636	2	3.272	20.6	基础插筋弯锚6,10	
5			Φ25	3	1600 ⊥ 100			1650	3	4.949	19.0	基础插筋弯锚4,8,12	
6			Φ28	4	2720 ⊥ 100			2764	4	11.056	53.4	基础插筋弯锚5,7,9,11	
7			Φ10	2	560 ⌐ 760			2818	2	5.636	3.4	插筋内定位箍	

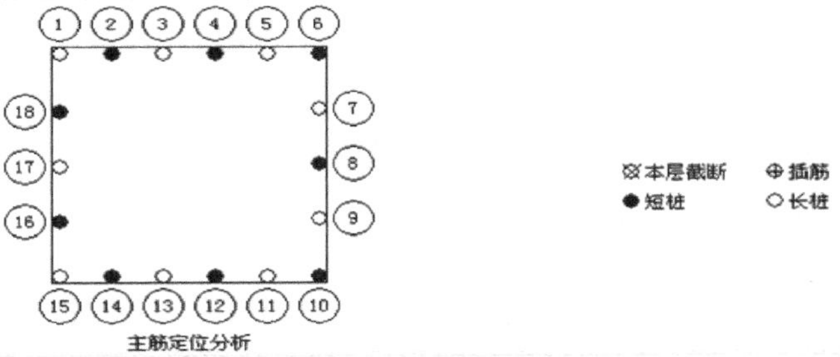

⊠ 本层截断 ⊕ 插筋
● 短桩 ○ 长桩

主筋定位分析

图7-118 钢筋排列图指导施工

3）通过 BIM 技术优化断料组合加工表，将损耗减至最低。

7.19.2　构件详细信息查询

作为施工过程中的重要信息，检查和验收信息将被完整地保存在 BIM 模型中，相关单位可快捷地对任意构件进行信息查询和统计分析，在保证施工质量的同时，能使质量信息在运维期间有据可循，如图 7-119 所示。

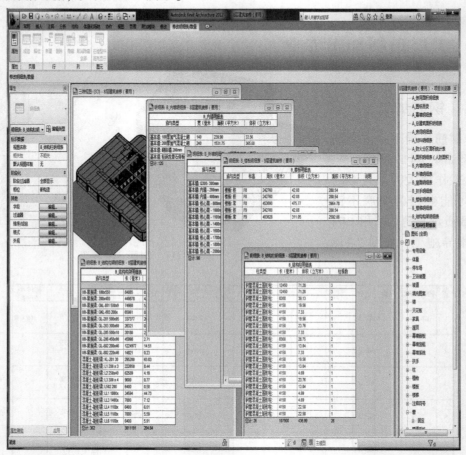

图 7-119　构件详细信息

将施工方案与 BIM 施工模拟结合可直观地了解方案的可行性，在工程重点和难点施工方案、特殊施工工艺实施前，运用 BIM 系统 3D 模型进行真实模拟，从中找出实施方案中的不足，并对其进行修改；另外，可以对不同施工方案分别进行模拟，进而对比筛选出最佳施工方案。在施工过程中，通过施工方案、工艺的 3D 模拟，给施工操作人员进行可视化交底，使施工难度降低，减少返工和整改，确保施工质量。

7.19.3　构件加工详图

BIM 模型可以完成钢结构加工、制作图样的深化设计。利用 Tekla Structures 进行真实模拟钢结构深化设计，通过软件自带功能将所有加工详图（包括布置图、构件图、零件图等）利用三视图原理进行投影，生成深化图样，图样上的所有尺寸，包括杆件长度、断面尺寸、杆件相交角度均是在杆件模型上直接投影产生的，通过深化设计产生的加工数据清单，直接导入精密数控加工设备进行加工，保证了构件的加工精度及安装精度，如图 7-120 和图 7-121 所示。

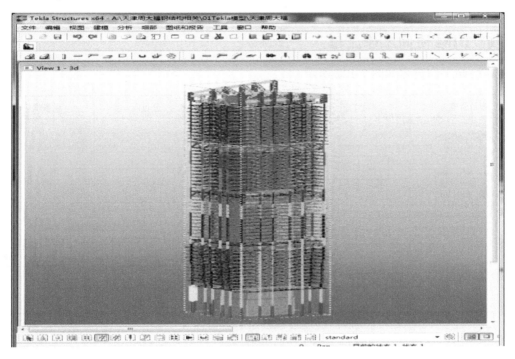

图 7-120　Tekla 钢结构模型

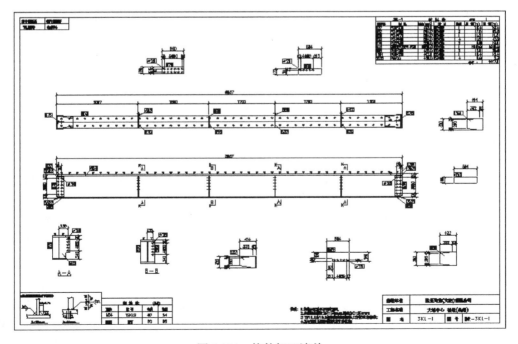

图 7-121　构件加工清单

7.20　协同工作

7.20.1　BIM 协同工作流程

BIM 协同工作流程如图 7-122 所示。

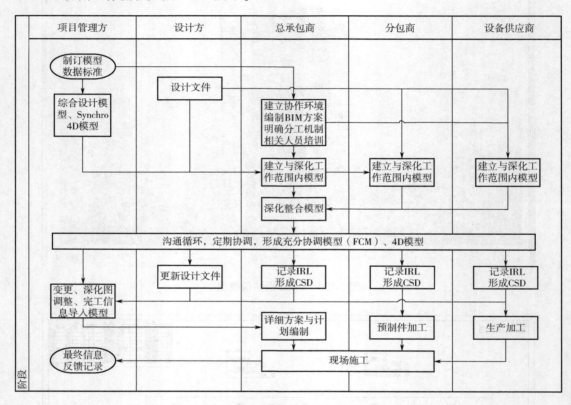

图 7-122　BIM 协同工作流程

7.20.2　BIM 团队协同工作平台

对于大型项目，为模型提供信息的参与人员数量很多，每个 BIM 人员可能分布在不同专业团队甚至不同城市或国家，BIM 团队本身的信息沟通及交流也是 BIM 在项目上应用的一个关键。除了让每个 BIM 参与者明晰各自的计划和任务外，还应让他们了解整个项目模型建立的状况、协同人员的动态、提出问题（询问）及表达建议的途径。在当今的网络环境下，建立这样的交流平台是非常容易的，图 7-123 为项目使用的"告示板"式团队协作平台，项目组织中的 BIM 成员根据权限和组织构架加入协同平台，在平台上创建待办事项、创建任务，并可做任务分配，也可对每项任务（项目）创建一个卡片，可以包括活动、附件、更新、沟通内容等信息。团队人员可以上传各自创建的模型，也可随时浏览其他团队成员上传的模型，发布意见，进行便捷的交流，并使用列表管理方式，有序地组织模型的修改、协调，支持项目顺利进行。

图 7-123　"告示板"式团队协作平台

7.20.3　BIM 协同项目的系统管理

Autodesk Revit MEP 在管理多专业和多系统数据时，采用系统分类和构件类型等方式对整个项目数据进行管理，如图 7-124 所示。

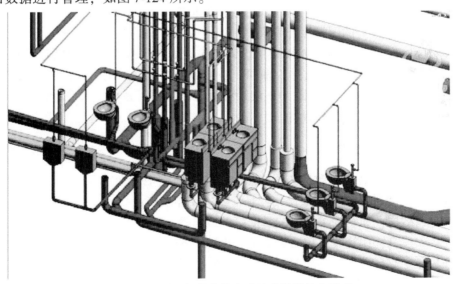

图 7-124　暖通与给水排水及消防局部综合模型

给水排水、电气、暖通、消防等专业（Autodesk Revit MEP）主要根据提供的平面图样以及设备的型号、外观及各种参数提供完整的给水排水、暖通、消防、电气信息模型、管道平立剖图、材料统计表（格式自定义）。这里要求提供准确的设备型号、外观及各种参数，才能保证提供的模型更准确。但在施工图设计中往往还有许多设备的型号等未确定，只能作为原则性假定，使用替代设备创建 3D 信息模型。

7.20.4　BIM 协同设计与质量控制

随着建筑工程复杂性的不断增加，学科的交叉与合作成为建筑设计的发展趋势，这就需要协同设计。而在 2D CAD 时代，协同设计缺少统一的技术平台。虽然目前也有部分集成化软件能在不同专业间实现部分数据的交流和传递（比如 PKPM 系列软件），但设计过程中可能出现的各专业间协调问题仍然无法解决。基于 BIM 技术的协同设计，可以采用 3D 集成设计模型，使建筑、结构、给水排水、暖通空调、电气等各专业在同一个模型基础上进行工作。建筑设计专业可以直接生成 3D 实体模型；结构设计专业则可以提取其中的信息进行结构分析与计算；设备专业可以据此进行暖通负荷分析等。不同专业的设计人员能够通过中间模型处理器对模型进行建立和修改，并加以注释，从而使设计信息得到及时更新和传递，更好地解决不同专业间的相互协作问题，从而大大提高建筑设计的质量和效率，实现真正意义上的协同设计。

现实建筑物实体都是以 3D 空间状态存在，若用 3D 设计表达更具有优势。如复杂管线综合设计，一般情况下，2D AutoCAD 设计是在建筑、结构、给水排水、暖通等专业完成设计后，设计师要对不同专业的图样反复比对，也只能进行原则性管线综合设计，对于管线碰撞冲突很大程度上凭经验判断，有些问题只能遗留到施工时解决。在水、暖、电建模阶段，利用 BIM 随时自动检测及解决管线综合设计初级碰撞，其效果相当于将校审部分工作提前进行，这样可大大提高成图质量。

AutodeskRevit 软件可视技术还可以动态地观察 3D 模型，生成室内外透视图，模拟现实创建 3D 漫游动画，使工程师可以身临其境地体验建筑空间，自然减少各专业设计工程师之间的协调错误，简化人为的图样综合审核。

在此基础上，项目组可准备 BIM 协同设计实施计划项目规划书，包括项目评估（选择更优化的方案）；文档管理（如文件、轴网、坐标中心约定）；制图及图签管理；数据统一管理；设计进度、人员分工及权限；3D 设计流程控制；项目建模，碰撞检测，分析碰撞检测报告；专业探讨反馈，优化设计等。

7.20.5　管线协同设计

在各专业承包单位各自为政的实际施工过程中，对其他专业或者工种、工序间不了解，甚至是漠视，所产生的冲突与碰撞比比皆是。其主要体现在：

1）MEP 和结构：如结构梁、墙的后期打洞或开孔。

2）MEP 和建筑：如管线穿越防火卷帘、机房布置空间的合理优化等。

3）MEP 各专业自身：如不同 MEP 管线对同一空间的共同穿越。

但是施工过程中的解决方案，往往受现场已完成部分的限制，大多是最终以不得不牺牲某部分利益、效能，而被动地变更。

1）项目中常见碰撞内容。建筑与结构专业碰撞内容主要包括标高、剪力墙、柱等位置不一致，梁与门冲突；结构与设备专业碰撞内容主要是设备管道与梁柱的冲突；设备内部各专业碰撞内容主要是各专业与管线的冲突；设备与室内装修碰撞内容主要是管线末端与室内吊顶冲突。另外，解决管线空间布局问题，如机房过道狭小等问题也是常见碰撞内容之一。最后，解决各管线之间交叉问题。显而易见，面对常见碰撞内容复杂、种类较多这一情况，应用 BIM 技术对项目的常见碰撞内容进行检测是大势所趋，其中基于 BIM 的 Autodesk Navisworks 能够很好地完成碰撞检测工作，节省时间和资金，并能缩短整体设计周期。

2）碰撞检测优先级。在对项目进行碰撞检测时，要遵循如下检测优先级顺序：首先进行土建碰撞检测，设备内部各专业碰撞检测；之后是对结构与给水排水、暖通、电气专业进行碰撞检测等，"硬碰撞"通过即时调整布局并修改设计方案解决，如图 7-125 所示。

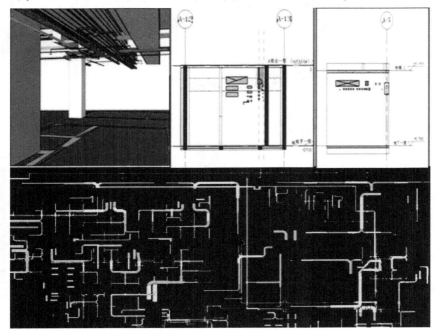

图 7-125　碰撞点 3D 截图及平面、剖面截图

3）碰撞检测报告分析，如图 7-126 所示。

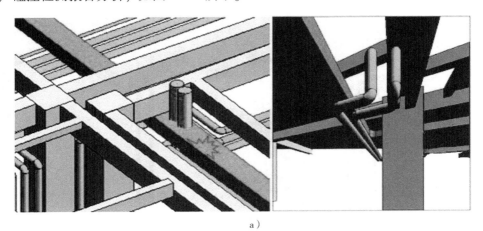

a）

图 7-126　碰撞检测报告分析

a）水管立管与风管碰撞，风管位置移动避开

图 7-126　碰撞检测报告分析（续）

b）消防立管和风管碰撞，水管抬高　c）暖通水立管和结构梁碰撞，管井移开　d）线管与风管碰撞，风管移开

4）多专业管道协同设计局部展示，如图 7-127 所示。

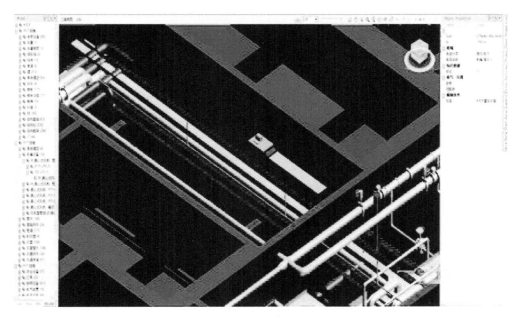

图 7-127　多专业管道协同设计局部展示

7.21　总承包管理

施工总承包单位在施工阶段处于主导地位，总承包的管理水平直接影响工程的收益。在施工管理中，可采用基于 BIM 的辅助管理方式。传统项目管理主要分为技术管理、工程管理、质量管理、商务管理、安全管理等内容。基于 BIM 施工总承包单位对工程项目的管理主要分为协同工作的管理、BIM 模型的管理、数据交互的管理和信息共享的管理四个部分，并将常规的工作管理分解到其中。基于 BIM 技术工程管理与常规工程管理的区别如图 7-128 所示。

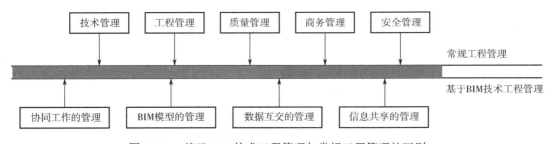

图 7-128　基于 BIM 技术工程管理与常规工程管理的区别

7.21.1　建立工程的模型信息平台，实现各专业协同工作的管理

为有效协同各单位各项施工工作的开展，顺利执行 BIM 实施计划，可在项目初期，搭建 BIM 协同平台，邀请发包方、设计及设计顾问、QS 顾问、监理、专业分包、独立承包商和供应商等单位参加并召开 BIM 启动会。会议明确工程 BIM 应用重点、协同工作方式、BIM

实施流程等多项工作内容。

施工总承包单位组织协调工程其他施工相关单位，通过自主研发 BIM 平台协同办公。协同办公平台工作模块主要包括：族库管理模块、模型物料模块、采购管理模块、统计分析模块、数据维护模块、工作权限模块、工程资料模块。所有模块通过外部接口和数据接口进行信息的提取、查看、实时更新。基于 BIM 的协同平台页面如图 7-129 所示。

图 7-129   协同平台页面

施工总承包单位组织召开工程 BIM 协调会议，由 BIM 专职负责人与项目总工每周定期召开 BIM 例会，会议将由甲方、监理、总包、分包、供应商等各相关单位参加，在会上进行模型交底，介绍模型的最新建立和维护情况。通过模型展示，初期可实现对各专业图样的会审，及时发现图样问题。随着工程的进展，提前确定模型深化需求，并进行深化模型的任务派发、模型交付以及整合工作，对深化模型确认后出具二维图样，指导现场施工；同时结合施工需求进行技术重点和难点的 BIM 辅助解决，包括相关方案的论证、施工进度的 4D 模拟等，让各参与单位在会议上通过模型对项目有一个更为直观、准确的认识，并在图样会审、深化模型交底、方案论证的过程中，快速解决工程技术重点和难点。会议将生成相应的会议纪要，并根据需要延伸出相应的图样会审、变更洽商或是深化设计图样等施工资料，由专人负责落实。

7.21.2   基于 BIM 模型进度和工程资料变更的动态管理

建筑工程专业复杂、体量大，专业图样数量庞大。通过 BIM 技术，将所有的工程相关信息集中到以模型为基础的协同平台上，依据图样如实进行精细化建模，并赋予工程管理所需的各类信息，确保出现变更后，模型及时更新。

职责管理：为保证工程施工过程中 BIM 的有效性，应专门制订各参与单位在不同施工阶段的职责划分，让每个参与者明白自己在不同阶段应该承担的职责和完成的任务，与各参与单位进行有效配合，共同完成 BIM 的实施。

BIM 模型职能分工、施工阶段工作见表 7-9、表 7-10。

表 7-9 BIM 模型职能分工表

施工阶段	甲方	设计方	总包 BIM	分包
投标阶段		提供工程初步设计图样	依据初步设计图样建立模型，制订 BIM 实施方案	
施工准备阶段		提供工程施工图样（CAD）	建立全专业 BIM 模型 BIM 技术应用 依据 BIM 数据，进行招标投标	工程专业投标 协助 BIM 模型建立
地下结构施工阶段				

表 7-10 施工阶段工作

施工阶段	甲方	设计方	总包 BIM	分包
低区（1～36 层）结构施工阶段	监督 BIM 实施计划的进行；签订分包管理办法	与甲方、总包方配合，进行图样深化，并进行图样签认	模型维护，方案论证，技术重难点的解决	配合总包 BIM 对各自专业进行深化和模型交底
高区（36 层以上）结构施工阶段				
装饰装修机电安装施工阶段	监督 BIM 实施计划的进行；签订分包管理办法，进行模型确认	与甲方、总包方配合，进行图样深化设计，并进行图样签认	施工工艺模型交底，工序搭接，样板间制作	按照模型交底进行施工
系统联动调试、试运行	模型交付	竣工图样的确认	模型信息整理、模型交付	模型确认
竣工验收备案				

7.21.3 总包各专业工作面动态管理

由于建筑工程体量大、功能复杂，将会引入机施、水电、装修、钢结构、幕墙等多个分包单位，在基于 BIM 的分包管理方面，既要考虑图样深化的精准度，又要考虑各个专业之间的工序搭接。因此总包单位应将各专业的深化结果直接反映到 BIM 模型当中，直观明确地反映出深化结果，并能展示出各工序间的搭接节点，从而整体考虑施工过程中的各种问题。为了保证对各分包的管理效果，总包单位应制订分包管理办法，与各分包单位签署后有效执行，对分包实行规范化管理。

项目基于 BIM 模型总包管理流程如图 7-130 所示。

依据 BIM 模型标准、Revit 模型交底、设计院提供的图样、版本号、模型参数等内容，制订模型计划。施工总包单位与专业分包以书面形式签署《BIM 模型协议》和《BIM 模型应用协议》，或委托 BIM 团队依据一线提供的资料，建立全专业模型，由施工总承包负责管理模型的更新和使用，专业分包负责进行模型的深化、维护等工作。

基于 BIM 协同工作流程如图 7-131 所示。

BIM 原始模型建立完成后，工程管理部应组织 BIM 模型应用动员会，要求专业分包和供货商必须参加会议。依据签署的《BIM 模型应用协议》，总包单位有权要求分包和供应商提供模型应用意见和建议，支持、协助和监督专业分包完成 BIM 模型深化工作。

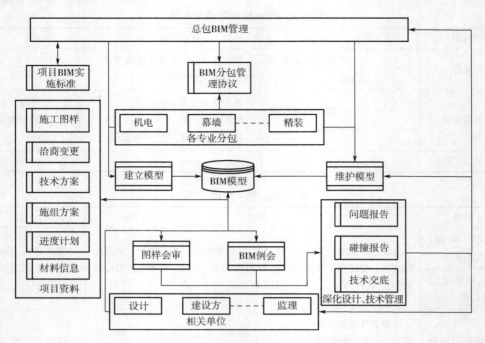

图 7-130 项目基于 BIM 模型总包管理流程示意图

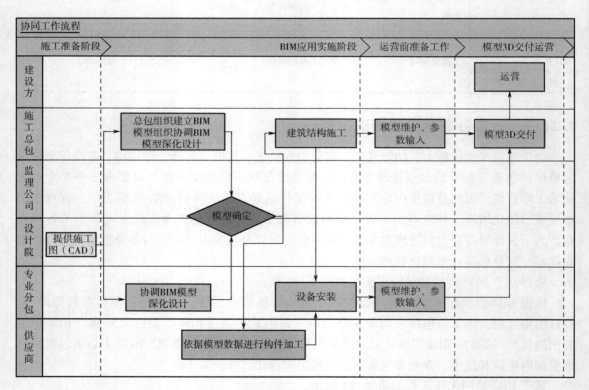

图 7-131 协同工作流程示意图

　　全专业模型建立完成后，总包单位应组织各专业汇总各自模型中发现的图样问题，形成《图样问题报告》，统一由设计院进行解答，完善施工模型。组织工程模型整合，对应专业单位检查碰撞。分工情况参考如下：土建分包负责结构模型与建筑模型的校核、结构与机电管线综合的碰撞；机电专业分包负责本专业之间的碰撞和管线综合专业之间的碰撞。

7.21.4 基于 BIM 的信息共享与交互管理

建筑项目一般由多个单位共同参与完成，总包单位要在这个过程中通过模型统一进行信息管理，一旦某个部位发生变化，与之相关联的工程量、施工工艺、施工进度、工艺搭接、采购单等相关信息都能自动发生变化，且在协同平台上采用短信、微信、邮件、平台通知等方式统一告知各相关参与方，他们只需重新调取模型相关信息，便可轻松完成数据交互的工作。

项目 BIM 协同平台信息交互共享如图 7-132 所示。

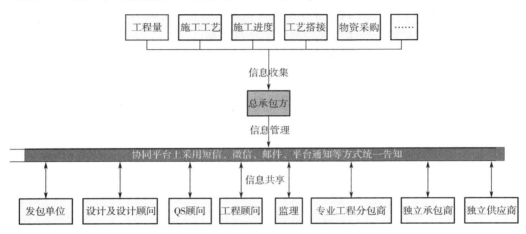

图 7-132　项目 BIM 协同平台信息交互共享示意图

7.21.5 基于 BIM 模型的成本、进度、质量、安全风险预控

为了有效辅助实现对工程的风险预控，总包单位可利用协同平台和健康监测平台，深入探讨超高层建筑的施工成本、进度、质量、安全监测，通过平台的模型综合管理，实现对工程成本、进度、质量的数据关联、分析与监测，通过研究超高层建筑健康监测系统设计和监测数据的处理方法，建立超高层建筑施工监测系统，进行超高层建筑施工安全性能分析和评价方法，两者结合，共同打造具有特色的超高层 BIM 风险预控方法，最大程度降低项目建造阶段的风险。

简 述 题

1. 基于 BIM 的三维可视化特点和海量数据库的特点，在企业里施工方 BIM 主要应用点有哪些?

答：企业里施工方 BIM 主要应用点包括以下几点：

1）方案比对，优化设计。

2）碰撞检查，减少返工。

3）施工图深化，参数检测。

4）虚拟施工，有效协同。

5）虚拟呈现，宣传展示。

6）快速算量，提升精度。

7）数据调用，支持决策。

8）精确计划，减少浪费。

9）多算对比，有效管控。

2. 如何利用 BIM 技术解决项目进度管理中时常发生的"破网"事故？

答：解决项目进度管理中时常发生的"破网"事故的工作有：

1）基于 BIM 协同机制提升全过程协同效率。

2）进行碰撞检测，使专业内和各专业间的碰撞问题得以发现解决。

3）通过 5D 模拟编制符合工程实际的施工进度计划。

4）对重点部位进行三维可视化施工交底，制订专项施工方案。

5）基于 BIM 模型编制生产计划、采购计划。

6）利用 BIM 预先演示功能，对施工场地周围自然环境因素和社会环境因素进行模拟演示分析。

第8章 运维方BIM项目管理与应用

导读：本章首先简单地介绍了运维与设施管理基本概念，包括运维与设施管理的定义、内容范畴和基本特点。接着介绍了传统运维与设施管理中的不足，再对 BIM 技术在运维与设施管理中的优势进行了详细分析。然后着重介绍了 BIM 技术在运维与设施管理中的应用，包括空间管理、资产管理、维护管理、公共安全管理和能耗管理。最后对 BIM 在物业管理中的应用进行了详细介绍。

8.1 设施管理

在完成项目的 BIM 模型后，利用现阶段开发的 BIM-FIM 系统，即基于 BIM 技术的机电设备设施管理系统，实现了 BIM 信息的再加工提取，为物业的运行维护起到了良好的作用，如图 8-1 所示。

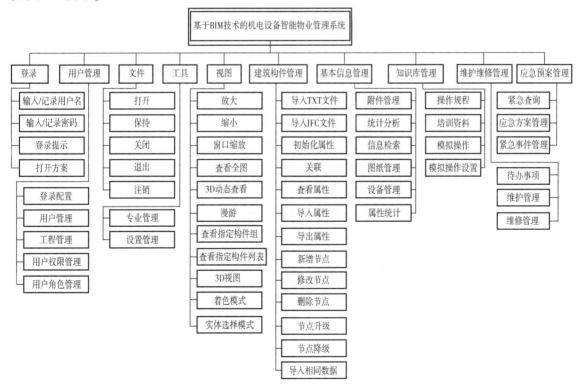

图 8-1　BIM-FIM 系统架构图

1. 基于 IFC 的信息共享接口

通过开发 IFC 接口，将 Autodesk Revit 中的模型，通过 IFC 中性文件导入到 BIM-FIM 系统中，并保存模型的所有属性信息。

2. 基于网络的 BIM 数据库及其访问控制

通过搭建完备、高效的信息数据库，实现建筑及机电设备竣工图的 BIM 模型信息存储，并通过并发访问控制机制，确保多用户协同工作的数据安全性。

3. 基于移动平台的设备标识与识别

通过开发二维码和 RFID 接口，将单个设备及区域内设备的关键信息以二维码和 RFID 标签的方式标识并保存起来；当移动平台设备扫描到该标识时，能提取其信息，并在无线网络环境下，从 BIM 数据库中获取其他相关属性信息。

4. 海量运维信息的动态关联技术

面向海量的施工和运维信息，针对机电设备不同的系统划分，研究了其基于构件的信息动态成组技术与动态关联技术，并形成上下游动态模型，实现高效的信息检索、查询、统计、分析与应急预案决策支持。

BIM 不是一个死的模型，它是一个过程，一种方法。BIM 在运营阶段所具有的先决条件为：

1）BIM 模型拥有足够支持运营的信息。

2）运营信息能够方便地管理、修改、查询、调用。

在整个过程中 BIM 模型是在不断成长的，BIM 模型中所容纳的这些信息资源就相当于建筑的 DNA，用 BIM 模型来跟踪整个物业维护，所有的方面都会被 BIM 模型所记录，如图 8-2、图 8-3 所示。

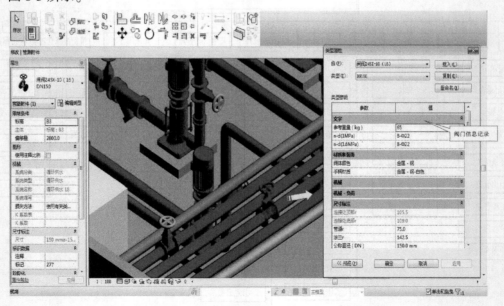

图 8-2 BIM 模型的产品属性

集成交付与物业管理方面，基于 BIM 的物业管理系统，可以将施工过程中所建立的 BIM 模型，尤其是运维所需要的众多工程信息整合起来，并最终数字化集成交付给业主。这

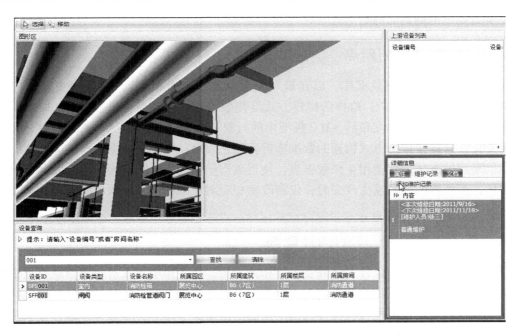

图 8-3　BIM 模型的跟踪维护

套系统将为业主在运维期的管理提供高效的信息获取和查询、分析手段。

8.2　数据库

8.2.1　BIM 数据库的构建

　　BIM 技术的核心在于建筑全生命周期过程中信息模型的共享与转换，然而如上所述，目前的 BIM 软件在 IFC 文件的输入输出中会出现建筑信息的错误与缺失。如果最基本的建筑信息的共享与传递都无法满足，就无法实现 BIM 技术的真正意义。为了解决此问题，需要构建基于 IFC 标准的 BIM 数据库。BIM 数据库的开发基于 IFC 标准的格式，可以正确、完整地存储 IFC 文件，并且无信息缺失、错误地输出。进一步在 BIM 数据库的基础上开发各种 BIM 应用软件从而真正实现建筑信息模型的共享与转换，这也是 BIM 技术实现必不可少的关键技术。BIM 数据库的开发，需要对 IFC 标准、IFC 文件的格式进行深入的研究。IFC 文件由多条 IFC 语句组成，语句的书写格式完全遵照标准中建筑对象的定义，并通过标准中对映射关系的定义，在语句中引用其他语句的内容，与其他语句产生联系。并且，BIM 数据库可以对多个项目的多个 IFC 文件进行存储。鉴于以上分析，BIM 数据库的构建主要包含 4 张数据表，分别为：①文件管理表，保存 IFC 文件的项目信息；②语句管理表，保存 IFC 文件的语句信息；③属性管理表，保存每条语句的属性信息；④映射管理表，保存每条语句的映射信息。

　　由于此数据库支持存储多个项目的多个 IFC 文件，为了使每条语句都可以被唯一识别，便于和其相关的语句相映射，需定义 ID 来使数据库中每条语句可以被唯一识别，以便于在各个表之间建立主键和外键的关系。

8.2.2　构建方法的创新点

传统的建筑信息模型数据库，以建筑对象为单位构建数据表。然而，IFC 标准中含有 600 多个对象，且关系复杂，这样的构建方式会使数据库非常繁杂。并且，IFC 标准不是一成不变的标准，当新版本发布后，IFC 标准中的对象、对象的属性以及对象与对象之间的关系发生变化，这就使传统方式构建的数据库需要随之改动，增加了数据库维护的难度。

我们采用的方法，仅使用 4 张数据表，使得数据结构简单，维护便捷，大大减少数据存储的难度，当标准的内容发生改变时，仅需改动相应对象的程序，无须改动数据库本身，就可以满足新版本的要求。

8.2.3　基于 BIM 数据库的构件查询

在建筑领域中，建筑设计人员或业主等相关人员，在工作中需要对建筑信息模型中的建筑构件进行查询，所以在目前开发较为成熟的建筑设计软件中，支持通过文件对建筑构件进行查询，以获取某个或某种建筑构件的基本信息。但是，一方面，通过文件进行建筑构件查询的效率是非常低的，另一方面不能同时对多个工程项目中的构件进行查询统计和分析。为了解决上述问题，并进一步检验 BIM 数据库的可行性，基于 BIM 数据库，对构件查询功能进行了开发研究。由于在 BIM 数据库中，建筑构件的项目编号、文件编号、构件类型、属性以及映射关系都已被完整存储，所以可以通过程序，在 BIM 数据库中查询所需的建筑构件信息。建筑构件查询的方式分为两种。

1. 简单查询

只列出所查询的构件语句，而映射关系构件不显示。查询可通过语句编号、对象类型、属性或综合查询等方式。

2. 完整查询

列出所查询的构件，以及构件所映射的语句。在 BIM 数据库中查询建筑构件柱（IFC-COLUMN）和梁（IFCBEAM）的所有信息，并对查询所生成的 IFC 文件进行显示。

由此可验证构件查询功能的准确性与有效性。由于建筑信息模型存储在 BIM 数据库中，建筑构件的信息、类型、属性都已解析、存储完毕并互相发生关联，这是传统的文件存储方式所没有的，所以通过 BIM 数据库对建筑构件进行查询的方式与文件查询方式相比，效率是非常高的。

8.2.4　基于 BIM 数据库的工程概算功能的开发

建筑概算可以对工程项目的建设资金进行初步的估算，它是加强企业管理、实行经济核算、考核工程成本、编制工程计划的依据；也是工程项目招标投标报价和确定工程造价的主要依据，是建筑设计阶段至关重要的一个环节。为了对基于 IFC 标准 BIM 数据库的应用做进一步的研究，笔者在 BIM 数据库基础上初步开发了工程概算功能。

在 IFC2x4beta2 版本中，IFC 构件的材料由 IFC-RELASSOCIATESMATERIAL 类定义，几何形态由 Representation 属性定义，其常见的定义方法有拉伸描述（SweptSolid）、边界描述（Brep）、边框描述（Bounding Box）等描述方法。例如拉伸描述，首先描述出构件的截面形状，如矩形截面（Ifc Rectan-gleProfileDef）、圆形截面（Ifc CircleProfileDef）等，并通过向已定义好的方向拉伸一定的长度，从而完成构件的几何描述。

工程概算功能开发的基本方法为：在 BIM 数据库中，查询每个构件相应的几何信息，如截面形状、截面尺寸；计算出构件的截面面积，再乘以截面所拉伸的长度，从而得出构件的体积；同时，查询构件相应的材料属性，根据材料的种类，获取此构件的单位价格；由此得到构件的体积和单位价格，从而可以计算出该构件的材料价格。对 BIM 数据库中每个建筑构件的价格进行计算并汇总后，即可得到数据库中所有项目的材料价格，实现其工程概算的功能。

通过 BIM 数据库进行概算的方法与传统的概算软件是不一样的。传统的概算软件在概算时需要重新建立概算模型，造成了设计过程中多专业的重复建模，增加了设计阶段的时间与工作量，而通过基于 IFC 标准的 BIM 数据库进行概算，可以实现建筑设计师、工程造价师在建筑信息模型上的信息共享与协同工作。

8.2.5　基于 BIM 数据库结构模型转换

基于 BIM 数据库的结构模型转换功能具有如下优势：

1）IFC 模型存储在 BIM 数据库中，模型的大小、建筑构件的数量不再受到制约，从而增大了转换模型的规模。

2）IFC 模型存储在 BIM 数据库中，建筑构件之间已根据映射关系在 BIM 数据库中建立了联系，有利于计算机的处理，从而大大提高了结构模型的转换效率。

8.2.6　BIM 技术数据库应用展望

BIM 技术的真正实现，需要构建基于 BIM 技术的建筑协同平台。该建筑协同平台以基于 IFC 标准的 BIM 数据库为基础，研究开发图形显示编辑平台使得建筑信息可以被建筑领域中各部门各专业显示、编辑、修改、存储等，从而实现真正意义上的建筑工程协同工作。通过开发更多的基于 BIM 的数据库，建筑协同设计、工程概预算、性能化分析、施工模拟等都可以得以实现。而基于 IFC 标准的 BIM 数据库的构建，是这个协同平台开发的重要基础。同时，将目前日趋成熟的云存储、云计算技术与 BIM 数据库相结合，可以将整个城市的建筑信息模型及其相应的地理信息（GIS Geographic Information System）、交通信息等进行存储，并通过建筑协同图形平台进行显示与编辑，从而实现真正意义上的数字城市。

8.3　物业管理

8.3.1　传统物业管理的挑战

1）快速扩张和人才瓶颈。运营团队是商业地产的核心竞争力。在快速扩张中，必然遭遇人才培养与流失的问题，特别是高层管理人员的选择与提拔。商业地产对人员数量以及能力都有很高的要求，通过内部锻炼培养和外部招聘，短时间内无法满足要求。此外，国内劳动力成本的逐年增加，人力成本也是运维阶段需要考虑的重要因素。如何在不增加人员的情况下，提高商业地产的运维水平？如何提高现有员工的工作效率？问题的关键在于加强总部管控能力。商业地产运营效率依赖于先进的信息化管理系统，而不是取决于个人能力，这才是商业地产企业的核心竞争力。

2）低碳经济对商业地产运维的压力。近年来，"低碳""环保""节能""绿色"等成为社会的关注热点，而我国的建筑使用能耗占全社会总能耗约28%，其中商业地产的能耗更是惊人。为了企业与社会可持续发展，如何通过技术创新、管理创新等手段减少能耗，将成为企业今后重要的竞争力之一。

3）被动式运维管理所存在的隐患。每个商业地产都涉及照明系统、通风系统、监控系统、电梯系统、通信系统等，这其中包含了大量的设备和管线。对于这些设备和管线是等出现了故障再处理，还是等到了维护时间或者使用期限后及时保养或者更换？任何故障都有可能影响到正常营业，甚至是引发安全事故。这些隐患如果能及时发现和避免，可以减少大量的损失。

4）突发事件的快速应变和处理。遇到重要来宾访问、临时活动和表演、人员冲突甚至火灾等情况，如何做好人员疏导、安保人员的调配、车辆进出的引导、关闭就近的设备、启动相关区域的消防系统等？突发事件处置不当，造成的不但是经济方面的损失，更严重的是对品牌的影响。

5）总部管控压力。随着商业地产项目在全国各地迅速扩张，总部对各地的管理难度日益增加。如何快速准确掌握各地地产项目的运营情况？如何针对各地不同情况给予支持和指导？总部应利用人才和技术优势搭建一个大的管理和支撑平台，通过及时了解各地的情况，快速发现问题并且给予指示。

8.3.2　BIM 与物联网结合对物业管理的价值

1）设备远程控制。把原来商业地产中独立运行并操作的各设备，通过 RFID 等技术汇总到统一的平台上进行管理和控制。一方面了解设备的运行状况，另一方面进行远程控制。例如：通过 RFID 获取电梯运行状态，是否正常运行，通过远程控制打开或关闭照明系统。

2）照明、消防等各系统和设备空间定位。给予各系统各设备空间位置信息，把原来编号或者文字表示变成 3D 图形位置，这样一方面便于查找，另一方面参看也更直观更形象。例如：通过 RFID 获取大楼的安保人员位置；消防报警时，在 BIM 模型上快速定位所在位置，并查看周边的疏散通道和重要设备。

3）内部空间设施可视化。现代建筑业发端以来，信息都存储于 2D 图样和各种机电设备的操作手册，需要使用的时候由专业人员自己去查找信息、理解信息，然后据此决策对建筑物进行一个恰当的动作。利用 BIM 将建立一个可视 3D 模型，所有数据和信息可以从模型里面调用。例如：二次装修的时候，哪里有管线，哪里是承重墙，这些在 BIM 模型中一目了然，而且可以看到不同区域属于哪些租户，以及这些租户的详细信息。

4）运维数据累积与分析。商业地产运维数据的积累，对于管理来说具有很大的价值。可以通过数据来分析目前存在的问题和隐患，也可以通过数据来优化和完善现行管理。例如：通过 RFID 获取电表读数状态，并且累积形成一定时期能源消耗情况；通过累积数据分析不同时间段空余车位情况，进行车库管理。

BIM 技术与物联网技术对于运维来说是缺一不可，如果没有物联网技术，那运维还是停留在靠人为简单操控的阶段，没有办法形成一个统一高效的管理平台。如果没有 BIM 技术，运维没有办法和建筑物相关联；没有办法在 3D 空间中定位；没有办法对周边环境和状况进行系统的考虑。

基于 BIM 核心的物联网技术应用，不但能为建筑物实现 3D 可视化的信息模型管理，而且为建筑物的所有组件和设备赋予了感知能力和生命力，从而将建筑物的运维提升到智慧建筑的全新高度。

8.3.3　可视化资产信息管理

当前的资产信息整理录入主要是由档案室的资料管理人员或录入员采取纸质方式进行管理，这样既不容易保存更不容易查阅，一旦人员调整或周期较长会出现遗失或记录不可查询等问题，造成工作效率降低和运行成本提高。

由于上述原因，公司、企业或个人对固定资产信息的管理已经逐渐从传统的纸质方式中脱离，不再需要传统的档案室和资料管理人员。信息技术的发展使基于 BIM 的物联网资产管理系统可以通过在 RFID 的资产标签芯片中注入用户需要的详细参数信息和定期提醒设置，同时结合 3D 虚拟实体的 BIM 技术使资产在智慧建筑物中的定位和相关参数信息一目了然，可以精确定位、快速查阅。

新技术的产生使 2D 的、抽象的、纸质的传统资产信息管理方式变得鲜活生动。资产的管理范围也从以前的重点资产延伸到资产的各个方面。例如，对于机电安装的设备、设施，资产标签中的报警芯片会提醒设备需要定期维修的时间以及设备维修厂家等相关信息，同时可以报告设备的使用寿命，从而及时地进行更换，避免发生伤害事故和一些不必要的麻烦。

8.3.4　可视化资产监控、查询、定位管理

资产管理的重要性就在于可以实时监控、实时查询和实时定位，然而传统做法很难实现。尤其对于高层建筑的分层处理，资产很难从空间上进行定位。BIM 技术和物联网技术的结合完美地解决了这一问题。

现代建筑通过 BIM 系统把整个物业的房间和空间都进行划分，并对每个划分区域的资产进行标记，系统通过使用移动终端收集资产的定位信息，并随时和监控中心进行通信联系。

监视：基于 BIM 的信息系统完全可以取代和完善视频监视录像，该系统可以追踪资产的整个移动过程和相关使用情况。配合工作人员身份标签定位系统，可以了解到资产经手的相关人员，并且系统会自动记录，方便查阅。一旦发现资产位置在正常区域之外等非正常情况，监控中心的系统就会自动警报，并且将建筑信息模型的位置自动切换到出现警报的资产位置。

查询：该资产的所有信息包括名称、价值和使用时间都可以随时查询。

定位：随时定位被监视资产的位置和相关状态情况。

8.3.5　可视化资产安保及紧急预案管理

传统的资产管理安保工作无法对被监控资产进行定位，只能够对关键的出入口等处进行排查处理。有了物联网技术后虽然可以从某种程度上加强资产的定位，但是缺乏直观性，难

以提高安保人员的反应速度，经常发现资产遗失后没有办法及时追踪，无法确保安保工作的正常开展。基于 BIM 技术的物联网资产管理可以从根本上提高紧急预案的管理能力和资产追踪的及时性、可视性。

对于一些比较昂贵的设备或物品可能有被盗窃的危险，一旦发生盗窃情况等工作人员赶到事发现场，犯罪分子早已逃脱。而使用无线射频技术和报警装置可以及时了解到贵重物品的情况，因此 BIM 信息技术的引入变得至关重要，当贵重物品发出报警后其对应的 BIM 追踪器随即启动。通过 BIM 3D 模型可以清楚分析出犯罪分子所在的精确位置和可能的逃脱路线，BIM 控制中心只需要在关键位置及时布置工作人员进行阻截就可以保证贵重物品不会遗失，同时将犯罪分子绳之以法。

BIM 控制中心的建筑信息模型与物联网无线射频技术的完美结合彻底实现了非建筑专业人士或对该建筑物不了解的安保人员能够正确了解建筑物安保关键部位。指挥官只需给进入建筑的安保人员配备相应的无线射频标签，并与 BIM 系统动态连接，根据 BIM 3D 模型可以直观察看风管、排水通道等容易疏漏的部位和整个建筑 3D 模型，动态地调整人员部署，对出现异常情况的区域第一时间作出反应，从而为资产的安保工作提供了巨大的帮助，以真正实现资产的安全保障管理。

信息技术的发展推动了管理手段的进步。基于 BIM 技术的物联网资产管理方式通过最新的 3D 虚拟实体技术使资产在智慧的建筑中得到合理的使用、保存、监控、查询、定位。资产管理的相关人员以全新的视角诠释资产管理的流程和工作方式，使资产管理的精细化程度得到大大的提高，确保了资产价值最大化。不难发现，基于 BIM 的物联网管理系统将创建资产管理的新思维。

8.3.6　智慧运维的具体应用

商业地产的运维可分为多项系统工作，例如：设备运行管理、能源运行管理、安保管理、租户管理等。

1. 设备运行管理

设备信息。该管理系统集成了对设备的搜索、查阅、定位功能。通过点击 BIM 模型中的设备，可以查阅所有设备信息，如供应商、使用期限、联系电话、维护情况、所在位置等；该管理系统可以对设备生命周期进行管理，比如对寿命即将到期的设备及时预警和更换配件，防止事故发生；通过在管理界面中搜索设备名称，或者描述字段，可以查询所有相应设备在虚拟建筑中的准确定位；管理人员或者领导可以随时利用 4D BIM 模型，进行建筑设备实时浏览。

设备运行和控制。所有设备是否正常运行在 BIM 模型上直观显示，例如绿色表示正常运行，红色表示出现故障；对于每个设备，可以查询其历史运行数据；另外可以对设备进行控制，例如某一区域照明系统的打开、关闭等，如图 8-4 所示。

2. 隐蔽工程管理

2010 年 7 月 28 日上午 10 点，南京市栖霞区一家废旧的塑料厂在进行拆迁的时候，挖断了地下埋藏的管道，引发了剧烈的爆炸。这起事故引起了社会的强烈反响，各大媒体纷纷报道评论。从另外一个角度来看，其实问题的关键在于施工单位没有这些隐蔽管线的资料，或者说有这些资料，但可能在某个资料室的角落里，只有少数几个人知道。特别是随着建筑物

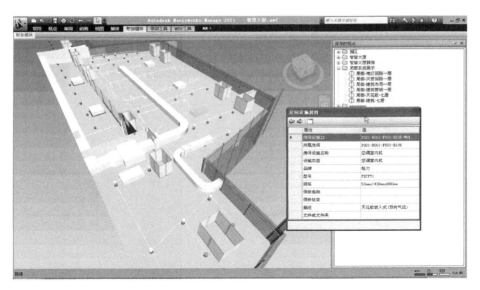

图 8-4　设备运行管理

使用年限的增加，人员更换频繁，这些安全隐患显得更加突出。

而智慧运维通过系统可以管理复杂的地下管网，如污水管、排水管、网线、电线以及相关管井，并且可以在图上直接量取相互位置关系。在改建二次装修的时候可以避开现有管网位置，便于管网维修、更换设备和定位。同样的情况也适用于室内的隐蔽工程管理。这些信息全部通过电子化保存下来，内部相关人员可以进行共享，有变化可以随时调整，保证信息的完整性和准确性，如图 8-5 所示。

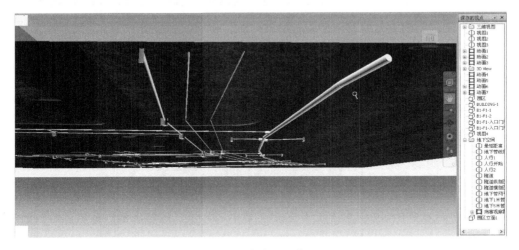

图 8-5　隐蔽工程管理

3. 能源运行管理

通过物联网技术的应用，使得日常能源管理监控变得更加方便。通过安装具有传感功能的电表、水表、煤气表，在管理系统中可以及时收集所有能源信息，并且通过开发的能源管理功能模块，对能源消耗情况进行自动统计分析，比如各区域、各个租户的每日用电量，每周用电量等，并对异常能源使用情况进行警告或者标识，如图 8-6 所示。

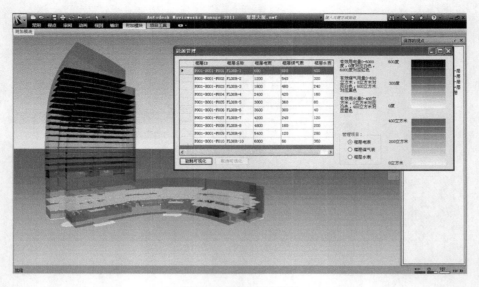

图 8-6 能源运行管理

4. 租户管理

通过查询定位可以轻易查询到商户空间，并且可查询到租户或商户信息，如客户名称、建筑面积、租约区间、租金、物业费用；系统可以提供收租提醒等客户定制化功能，同时还可以根据租户信息的变更，对数据进行实时调整和更新，形成一个快速共享的平台，如图 8-7 所示。

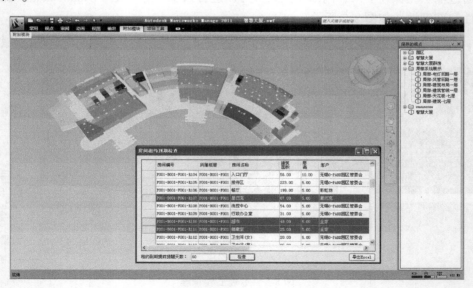

图 8-7 租户管理

5. 安保管理

视频监控。传统的监控管理基本是显示摄像视频为主，相当于有很多双眼睛，但是基于 BIM 技术的视频安保系统不但拥有了"眼睛"，而且也拥有了"脑子"。因为摄像视频管理是运维控制中心的一部分，也是基于 BIM 技术的可视化管理。通过配备监控大屏幕可以对整个广场的视频监控系统进行操作；当我们用鼠标选择建筑某一层，该层的所有视频图像立刻显示出来；一旦产生突发事件，基于 BIM 技术的视频安保监控就能结合与协作 BIM 模型的其他子系统进行突发事件管理。

6. 安保人员位置管理

对于安保人员，我们可以通过将无线射频芯片植入工卡，利用无线终端来定位安保人员的具体方位。这个对于商业地产，尤其是大型商业地产中人流量大、场地面积大、突发情况多，这类安全保护非常有价值。一旦发现险情，管理人员就可以利用这个系统来指挥安保人员工作，如图 8-8 所示。

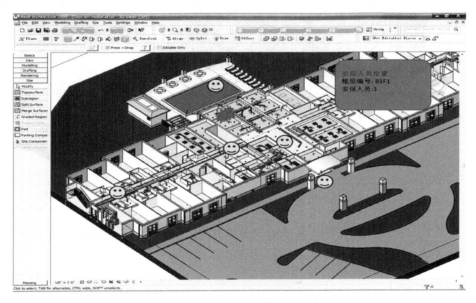

图 8-8　安保人员位置管理

7. 车库管理

目前的车库管理系统基本都是以计数系统为主，只知道有多少空车位，不知道到底哪些车位剩余。很多找车位的车辆兜几个圈都找不到车位，容易造成车道堵塞和资源浪费（时间、能源）。应用无线射频技术将定位标识标记在车位卡上，车辆停好之后自动得知某车位是否已经被占用。通过该系统就可以在车库入口处通过屏幕显示出所有已经占用的车位和空着的车位，一目了然；通过车位卡还可以在车库监控大屏幕上查询所停车辆的位置，这对于容易迷失方位的客人来说，是个非常贴心的导航功能。

8. 应急管理

基于 BIM 技术的优势在于管理没有任何盲区。作为人流聚集区域，突发事件的响应能力非常重要。传统的突发事件处理仅仅关注响应和救援，而智慧运维对突发事件管理包括：预防、警报和处理。以消防事件为例，该管理系统可以通过喷淋感应器感应信息，如果发生着火事故，在商业广场的信息模型界面中，就会自动进行火警警报，着火的位置和房间立即进行定位显示，控制中心可以及时查询相应的周围情况和设备情况，为及时疏散和处理提供信息，如图 8-9 所示。

类似的还有水管、气管爆裂等突发事件，通过 BIM 系统可以迅速定位控制阀门的位置，

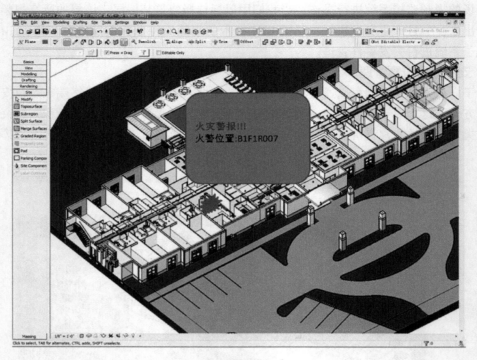

图 8-9　应急管理

避免了在一屋子图样中寻找资料，甚至还找不到资料。这类突发事件如果不及时处理，将酿成灾难性事故。

简 述 题

物业管理在 BIM 与物联网结合中可实现的功能点有哪些?

答：物业管理在 BIM 与物联网结合中可实现的功能点有：

1）设备远程控制。商业地产中独立运行并操作的各设备，通过 RFID 等技术汇总到统一的平台上进行管理和控制。

2）照明、消防等各系统和设备空间定位。给予各系统、各设备空间位置信息，把原来编号或者文字表示变成三维图形位置，这样便于查找，观看也更直观、更形象。

3）内部空间设施可视化。利用 BIM 将建立一个可视三维模型，所有数据和信息可以从模型里面调用。

4）运营维护数据累积与分析。商业地产运营维护数据的积累，对于管理来说具有很大的价值，可以通过数据来分析目前存在的问题和隐患，也可以通过数据来优化和完善现行管理。

第**9**章 基于BIM技术的项目信息管理平台

导读：协同即协调两个或者两个以上的不同资源或者个体，协同一致地完成某一目标的过程或能力。项目管理中由于涉及参与的各个专业较多，而最终的成果是各个专业成果的综合，这个特点决定了项目管理中需要密切的配合和协作。由于参与项目的人员因专业分工或项目经验等各种因素的影响，实际工程中经常出现因配合未到位而造成的工程返工，甚至工程无法实现而不得不变更设计的情况。故在项目实施过程中运用平台工具对各参与方在各阶段进行信息数据协同管理意义重大。本章通过管理平台的构建介绍以及实际案例分析，介绍了基于 BIM 的项目管理平台的基本内容。

9.1   基于 BIM 技术的建筑信息平台在国内外的研究进展

BIM 技术的研究并不单单体现在设计软件中，针对 BIM 技术的核心及建筑信息的共享与转换，国外的一些学者对基于 BIM 技术的建筑信息平台进行了研究，其中英国索尔福德大学的 Faraj. I. 等人完成开发了基于 BIM 技术的 WISPER（Webbased IFC Share Project Environment）平台，该平台具备 IFC 文件在数据库中存储、工程的造价预算、显示等功能；加拿大基础设施研究中心（Centre for Sustainable Infrastructure Research）的 Halfawy，Mahmoud M. R. 等人完成了基于 BIM 技术的建筑集成开发平台的开发，平台具备图形编辑、构件数量统计、预算、工程管理等功能。

9.2   需要解决的关键问题

虽然当前有少量基于 BIM 技术开发的建筑设计软件，如美国的 Autodesk 公司开发的 AutoCAD Revit 系列，匈牙利 Graphisoft 公司开发的 ArchiCAD 系列等，支持 IFC 文件的输入与输出，但是，在文件进行输入输出的过程中，却存在着建筑信息的错误、缺失等现象。美国斯坦福大学的 Kam Calvin 等人在基于 BIM 技术开发的 HUT-600 平台进行测试中指出，IFC 文件在输入 ArchiCAD 11 软件时，由于其内部数据库与自身 IFC 文件所含的信息格式不符而造成了建筑构件所含信息的缺失和错误。卢布尔雅那大学的 Pazlar. T. 等人也在对 Architectural Desktop 2005、AllPlan Architecture 2005 以及 ArchiCAD 9 三个软件间进行 IFC 文件互相传输的测试中指出，各大软件商都使用自己的数据库与其显示平台进行对接，由于数据库并未按照 IFC 标准的格式构建，不可避免地出现 IFC 文件输入输出时造成信息缺失与错误等结果。

对于现今软件商使用的文件存储模式，如 Autodesk 系列的 dwg 文件存储模式，一个文件只能存储一张或几张图样。当面对多个工程、多个文件、大量数据进行存储的时候，这种存储模式是无法实现的。虽然目前如 Revit 系列软件，已经可以将其一个工程作为一个文件进行存储，但仍存在两个问题：①这仍然无法实现存储多个工程的功能；②其以工程为单位信息量的文件大小往往非常庞大，对其进行操作，如输入、输出、编辑的时候，会严重地影响运行的效率。

建筑领域是一门涉及许多专业的综合学科，如对建筑的设计需要进行结构计算，对建筑的造价需要进行概预算等。而当前市场上却鲜有在这些功能上支持 IFC 文件格式的软件。笔者认为，对于这类问题，从长远来看，需要在 IFC 文件的基础上开发各种相应的功能软件；而在短时间内，需要开发相应的文件格式转换软件，将 IFC 格式的文件，转化为目前市面上存在的功能软件所支持的文件格式。

BIM 技术的核心是建筑信息的共享与转换，而当前，较为成熟的 BIM 软件只能满足相应几个专业之间的信息传递。为了在建筑行业中，多部门多专业的人员都可以利用信息的共享和转换来完成自己的专业工作，需要构建基于 BIM 技术的建筑信息平台，使每个专业人员在共同数据标准的基础上通过信息共享与转换，从而实现真正的协同工作。

9.3 项目信息管理平台主要内容

信息管理平台，其内容主要涉及施工过程中的五个方面：人、机、料、环、法。具体内容包括：施工资料管理、施工人员管理、施工机具管理、施工材料管理、施工环境管理、施工工法管理。

1. 施工资料管理

BIM 的相关项目管理软件和成果集成平台，为施工现场各参与方提供沟通和交流的平台，方便协调项目方案，论证项目施工可行性，及时排除隐患，减少由此产生的变更，从而缩短施工时间，降低因设计协调造成的成本增加，提高施工现场生产效率。

竣工交付：BIM 竣工模型包括施工过程记录的信息，可以正确反映真实的设备状态、材料安装使用情况、施工质量等与运营维护相关的文档和资料，实现包括隐蔽工程资料在内的竣工信息的集成，为后续的运维管理带来便利，也在未来进行的翻新、改造、扩建工程中为项目团队提供有效的历史信息，如图 9-1 所示。

2. 施工人员管理

施工人员管理包括施工组织管理（OBS）和工作任务管理（WBS），将施工过程中的人员管理信息集成到 BIM 模型中，并通过模型的信息化集成来分配任务。随着 BIM 技术的引入，企业内部的团队分工必然发生根本改变，所以对配备的 BIM 技术人员职责结构的研究需要日益明显，如图 9-2 所示。

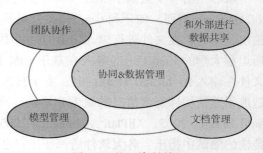

图 9-1 施工资料管理

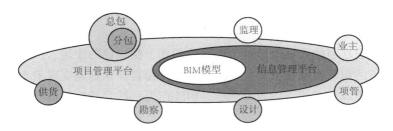

图 9-2　施工人员管理

3. 施工机具管理

施工机具管理包括机具管理和场地管理，具体内容包括群塔防碰撞模拟、脚手架设计等技术内容，通过对 BIM 模型的功能进行拓展应用来实现施工机具信息模型的集成，如图 9-3 所示。

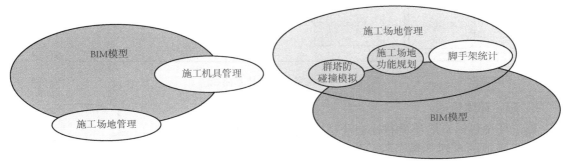

图 9-3　施工机具管理

群塔防碰撞模拟：因施工需要塔式起重机布置密集，相邻塔式起重机之间会出现交叉作业区，当相交的两台塔式起重机在同一区域施工时，有可能发生塔式起重机间的碰撞事故。利用 BIM 技术，通过 Timeliner 将塔式起重机模型赋予时间轴信息，对 4D 模型进行碰撞

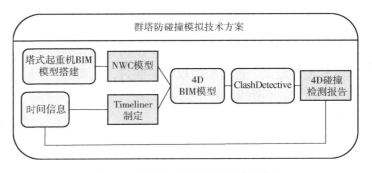

图 9-4　群塔防碰撞模拟技术方案

检测，逼真地模拟塔式起重机操作，并且导出碰撞检测报告，用于指导修改塔式起重机布置方案，如图 9-4 所示。

4. 施工材料管理

施工材料管理包括物料跟踪、算量统计等，利用 BIM 模型自带的工程量统计功能实现算量统计，以及对 RFID 技术的探索来实现物料跟踪，如图 9-5 所示。

物料跟踪：BIM 模型可附带构件和设备更全面、详细的生产信息和技术信息，将其

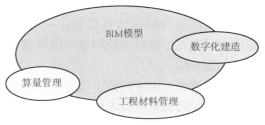

图 9-5　施工材料管理

与物流管理系统结合可提升物料跟踪的管理水平和建筑结构行业的标准化、工厂化、数字化水平。

算量统计：建设项目的设计阶段对工程造价起到了决定性的作用，其中设计图样的工程量计算对工程造价的影响占有很大比例。对建设项目而言，预算超支现象十分普遍，而缺乏可靠的成本数据是造成成本超支的重要原因。BIM 作为一种变革性的生产工具将对建设工程项目的成本核算过程产生深远影响，如图 9-6 所示。

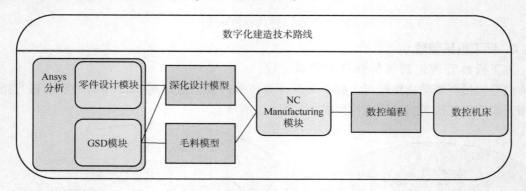

图 9-6　数字化建造技术路线

5. 施工环境管理

施工环境包括自然环境和社会环境。自然环境是指施工当地的自然环境条件、施工现场的环境；社会环境包括当地经济状况、当地劳动力市场环境、当地建筑市场环境以及国家施工政策大环境。这些信息可以通过集成的方式保存在模型中，对于有特殊需求的项目，可以将这些情况以约束条件的形式在模型中定义，进行模型规则的制订，从而辅助模型的搭建，如图 9-7 所示。

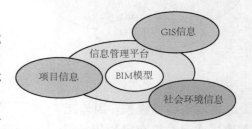

图 9-7　施工环境管理

6. 施工工法管理

施工工法管理包括施工进度模拟、数字化建造、施工方案比选，通过对基于 BIM 技术的数值模拟技术和施工模拟技术进行研究，实现施工工法方面的标准化应用，如图 9-8 所示。

施工进度模拟：将 BIM 模型与施工进度计划关联，实现动态 3D 模式模拟整个施工过程与施工现场，将空间信息与时间信息整合在一个可视的 4D

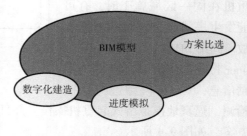

图 9-8　施工工法管理

模型中，可直观、精确地反映整个项目施工过程，对施工进度、资源和质量进行统一管理和控制，如图 9-9 所示。

数字化建造：BIM 与数字化建造系统相结合，直接应用于建筑结构所需构件和设备的制造环节，采用精密机械技术制造标准化构件，运送到施工现场进行装配，实现建筑结构施工流程（装配）和制造方法（预制）的工业化和自动化。并且在拼装之前，用 BIM 模型进行预拼装，模拟关键工艺，以保障实际施工万无一失。

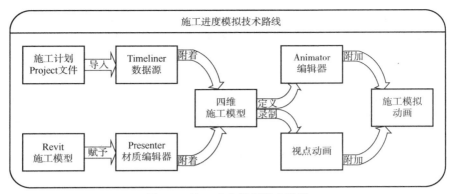

图 9-9　施工进度模拟技术路线

施工方案比选：基于 BIM 平台，应用数值模拟技术，对不同的施工方案进行仿真，通过对结果数值的比对，选出最优方案，如图 9-10 所示。

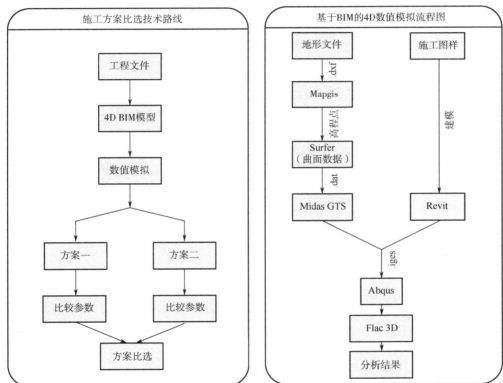

图 9-10　施工方案比选

9.4　关键技术及技术路线

9.4.1　关键技术

结合结构工程、工程管理专业方面的知识、其他传统软件知识（例如 PKPM、Auto-CAD、天正、Midas Building、MST 等）和不断更新补充的 BIM 技术的知识（通过网络、微博等途径）来解决在研究 BIM 技术应用过程中遇到的问题。

1）施工资料管理，需要提前搜集整理所有有关项目施工过程中所产生的图样、报表、文件等资料，对其进行研究，并结合 BIM 技术，经过总结得出一套面向多维建筑结构施工信息模型的资料管理技术。

2）研究的施工组织管理，需要提前搜集整理所有有关项目施工过程中所涉及的单位和人员，对其间关系进行系统研究，并结合 BIM 技术，经过总结得出一套面向多维建筑结构施工信息模型的组织管理技术。

3）研究的施工关键工艺演示技术，需要提前搜集整理所有有关施工过程中所需要展示的工艺、工法，并结合 BIM 技术和虚拟施工技术，得出一系列面向多维建筑结构施工信息模型的工艺演示动画。

9.4.2 技术路线

1）整体目标与应用，如图 9-11 所示。

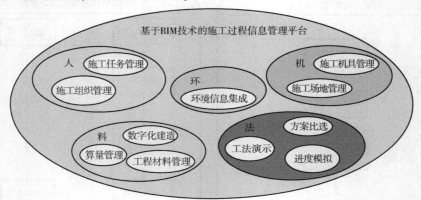

图 9-11 施工过程信息管理平台

2）软件开发 idef0 图，如图 9-12 所示。

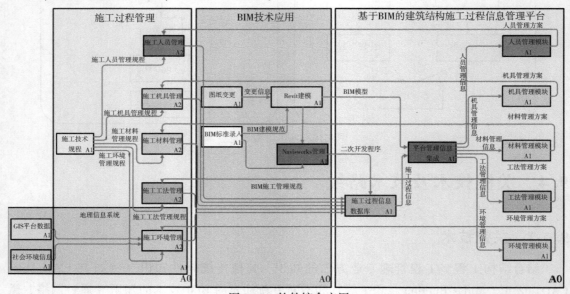

图 9-12 软件综合应用

3）基于 BIM 的建筑结构施工过程信息管理平台开发技术路线。面向施工数据实际应用制订 idef0 图，并开发数据库，继承施工管理技术；整合相关标准，并与数据库关联，制订规则；基于数据库进行信息管理平台开发；配合工程实例验证应用效果；完成平台开发，如图 9-13 所示。

9.5 项目信息管理平台构建

9.5.1 数据层

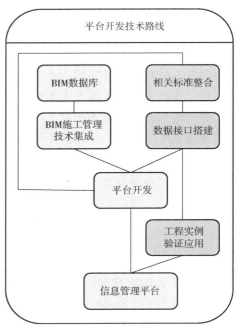

图 9-13　平台开发

项目信息管理平台的最底层为 BIM 数据库，用以存储建筑信息，这些信息可以被建筑行业的各个专业共享使用。该数据库的构造应注意以下三点：

1）此数据库用以存储的建筑信息模型，是整个建筑在全生命周期中所产生的所有信息，每个专业都可以利用此数据库中的数据信息来完成自己的设计工作，从而做到真正的建筑信息共享。

2）这个数据库可以存储多个项目的建筑信息模型，因为目前的主流信息存储方式，是以文件为单位的存储方式，在面对 BIM 技术时，存在着数据量大，文件存取困难，难以共享等缺点。而利用数据库对多个项目的建筑信息模型进行存储，可以解决此问题，从而真正做到快速、正确地共享建筑信息。

3）数据库的存储形式，应遵循同一个标准。如果标准不同，数据的形式不同，就可能在文件的传输过程中出现缺失或错误等现象。

目前，IFC 标准即工业基础类，是 BIM 技术中应用比较成熟的一个标准，用以存储建筑模型信息，它是一个开放、中立、标准的用来描述建筑信息模型的规范，是实现建筑中各专业之间数据交换和共享的基础。它是由 IAI（现为 building SMART International）在 1995 年制定的，它使用 EXPRESS 数据定义语言编写，标准的制定遵循了国际化标准组织（ISO）开发的产品模型数据交换标准，其正式代号为 ISO 10303—21。目前 IFC 标准由 MSG 负责开发，ISG 负责应用协调工作，两部门共同参与 IFC 软件的认证工作，现 IFC 的最新版本为 2010 年 9 月发布的 IFC2x4 RC 2 版本。

BIM 建筑协同平台框架如图 9-14 所示。

图 9-14　BIM 建筑协同平台框架

9.5.2 图形平台层

第二层为图形显示编辑平台，各个专业可利用此显示编辑平台，完成建筑的规划、设计、施工、运维等工作。有些观点认为，BIM 的核心在于建模，在于完成建筑设计从 2D 到 3D 的理念转换。而笔者认为，BIM 的核心不是类似建模这种单纯的图形转换，而是建筑信息的共享与转换。同时，3D 平台的显示与 2D 相比，也存在着一些短处，如在显示中会存在着一定的盲区等。

9.5.3 专业层

第三层为各个专业的使用层，各个专业可利用其自身的软件，对建筑完成如规划、设计、施工、运维等专业工作。首先，各个专业无须再像传统的设计中，从其他专业人员手中获取信息，信息经过处理后，才可以为己所用，在此平台中，可以直接从数据库中提取最新的信息，此信息在从数据库中提取出来时，会根据其设计人员的所在专业，自动进行信息筛选，当传输到设计人员手中时，可直接使用，并且，当原始数据发生改变时，其相关数据会自动地随其发生改变，从而避免了因信息的更新而造成错误。

以上三层就构成了基于 BIM 技术的建筑信息平台的框架。从而真正实现建筑信息的共享与转换，使得各专业人员可以得到自己所需的建筑信息，并利用其图形编辑平台等工具进行规划、设计、施工、运维等专业工作，工作完成后，将信息存储在数据库中，当一方信息出现改动时，与其有关的相应专业的信息也会发生改变。

9.5.4 基于 BIM 技术的建筑信息平台的数据库构造以及相应接口开发

完成基于 BIM 技术的建筑信息平台数据库的构建。软件的开发利用 SQL Server 2005 数据库，利用 Visual Studio 2008 为此数据库开发功能接口（图 9-15）。目前已实现 IFC 文件的输入、输出、查询等功能，并支持多个项目、多个文件的储存，为基于 BIM 技术的建筑信息平台的构建奠定了底层的数据支持。

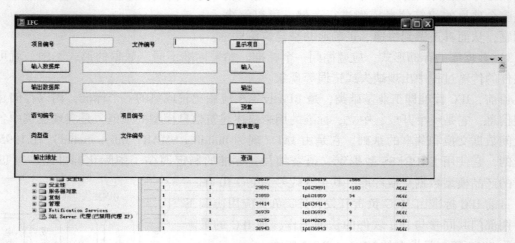

图 9-15　BIM 数据开发接口

9.5.5 基于 BIM 数据库的概预算等功能的开发

在此数据库基础上对各专业软件的功能进行开发，首先，对工程概预算功能进行初步研究。在 IFC 标准中，包含 IFC MATERIAL RESOURCE，IFC GEOMETRY RESOURCE 等实体，用以描述建筑模型中的材料、形状等建筑信息，结合材料的价格，可以实现其建筑材料统计、价格概预算等功能。其次，对概预算功能进行初步开发，实现其概预算功能，如图9-16 所示。

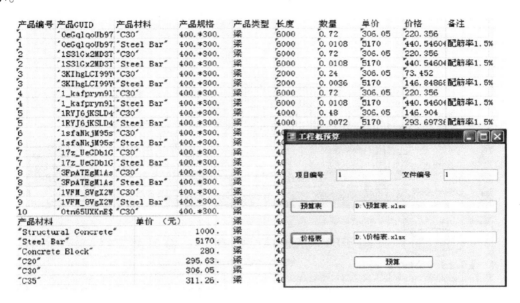

图 9-16　工程概算功能

9.5.6　基于 BIM 数据库的多种专业软件文件类型的转换

基于 IFC 标准的 BIM 数据库下开始对多种专业软件文件类型转换功能的开发，将在前期已完成的 IFC 标准与 XML 格式、SAP 模型、ETABS 模型等其他软件模型转换的基础上进行更深入的开发研究。前期已完成的转换工作是以文件为单位，利用内存来对文件格式进行转换。而下一步将在已完成的基于 IFC 标准的 BIM 数据库上进行文件格式的转换，从而使文件格式转换的信息量更大，速度更快捷。

通过基于 BIM 技术建筑信息平台的初步开发与研究，提出基于 BIM 技术的建筑信息协同平台的基本构架，并对其底层数据库、工程概预算以及文件格式转化功能的开发进行了初步的研究。基于 BIM 技术建筑信息平台的建立，可以使建筑行业中错综复杂的建筑信息得以整合，从而使建筑信息的无序变为有序。此平台以基于 IFC 标准的 BIM 数据库为基础，使多部门多专业在图形显示编辑平台上得以进行规划、设计、施工、运维等工作，从而实现各部门各专业之间的协同工作。

9.6　项目信息管理平台示例

基于 BIM 技术的建筑结构施工过程管理研究，可以有效地拓宽业务领域，能更好地指导建筑结构施工和项目管理。搭建的平台具体示例如图9-17 所示。

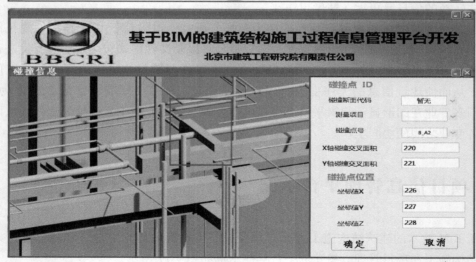

图 9-17　项目信息管理平台

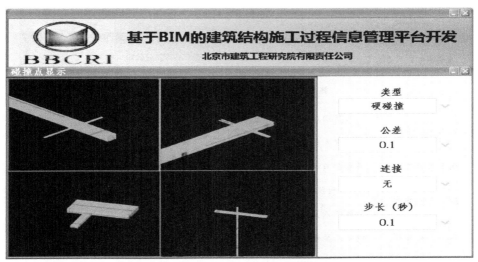

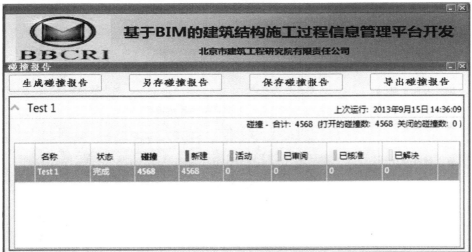

图 9-17　项目信息管理平台（续）

图 9-17　项目信息管理平台（续）

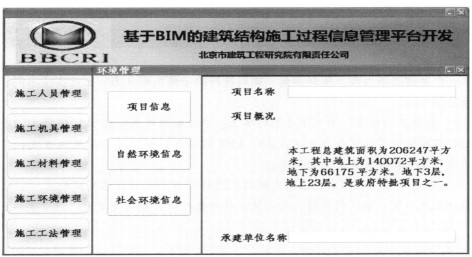

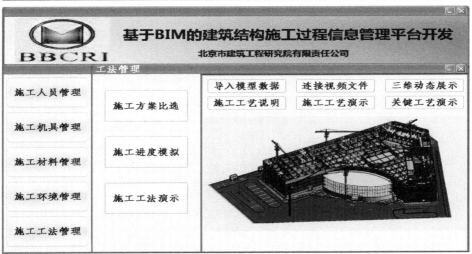

图 9-17　项目信息管理平台（续）

简　述　题

搭建一个完整的项目信息管理平台，需要进行的步骤为哪几步？如何实现不同格式文件间的相互协作？

答：1）数据层的建立；图形平台层的建立；专业层的建立；基于 BIM 技术的建筑信息平台的数据库构造以及相应接口开发；基于 BIM 数据库的概预算等功能的开发；基于 BIM 数据库的多种专业软件文件类型的转换。

2）以文件为单位，利用内存来对文件格式进行转换。而后在已完成的基于 IFC 标准的 BIM 数据库上进行文件格式的转换，从而使文件格式的转换信息量更大，速度更快捷。

附　　录

附表 1　通风系统的工作集划分、系统命名及颜色显示

序号	系统名称	工作集名称	颜色编号（红/绿/蓝）
1	送风	送风	深粉色 RGB 247/150/070
2	排烟	排烟	绿色 RGB 146/208/080
3	新风	新风	深紫色 RGB 096/073/123
4	采暖	采暖	灰色 RGB 127/127/127
5	回风	回风	深棕色 RGB 099/037/035
6	排风	排风	深橘红色 RGB 255/063/000
7	除尘管	除尘管	黑色 RGB 013/013/013

附表 2　电气系统的工作集划分、系统命名及颜色显示

序号	系统名称	工作集名称	颜色编号（红/绿/蓝）
1	弱电	弱电	粉红色 RGB 255/127/159
2	强电	强电	蓝色 RGB 000/112/192
3	电消防——控制	电消防	洋红色 RGB 255/000/255
4	电消防——消防		青色 RGB 000/255/255
5	电消防——广播		棕色 RGB 117/146/060
6	照明	照明	黄色 RGB 255/255/000
7	避雷系统（基础接地）	避雷系统（基础接地）	浅蓝色 RGB 168/190/234

附表 3　给水排水系统的工作集划分、系统命名及颜色显示

序号	系统名称	工作集名称	颜色
1	市政给水管	市政加压给水管	绿色 RGB 000/255/000
2	加压给水管		
3	市政中水给水管	市政中水给水管	黄色 RGB 255/255/000
4	消火栓系统给水管	消火栓系统给水管	青色 RGB 000/255/255
5	自动喷洒系统给水管	自动喷洒系统给水管	洋红色 RGB 255/000/255
6	消防转输给水管	消防转输给水管	橙色 RGB 255/128/000
7	污水排水管	污水排水管	棕色 RGB 128/064/064
8	污水通气管	污水通气管	蓝色 RGB 000/000/064
9	雨水排水管	雨水排水管	紫色 RGB 128/000/255
10	有压雨水排水管	有压雨水排水管	深绿色 RGB 000/064/000
11	有压污水排水管	有压污水排水管	金棕色 RGB 255/162/068
12	生活供水管	生活供水管	浅绿色 RGB 128/255/128
13	中水供水管	中水供水管	藏蓝色 RGB 000/064/128
14	软化水管	软化水管	玫红色 RGB 255/000/128

附表 4　空调水系统的工作集划分、系统命名及颜色显示

序号	系统名称	工作集名称	颜色
1	空调热水回水管		
2	空调冷水回水管	空调水回水管	浅紫色 RGB 185/125/255
3	空调冷却水回水管		
4	空调热水供水管		
5	空调冷水供水管	空调水供水管	蓝绿色 RGB 000/128/128
6	空调冷却水供水管		
7	制冷剂管道	制冷剂管道	粉紫色 RGB 128/025/064
8	热媒回水管	热媒回水管	浅粉色 RGB 255/128/255
9	热媒供水管	热媒供水管	深绿色 RGB 000/128/000
10	膨胀管	膨胀管	橄榄绿 RGB 128/128/000
11	采暖回水管	采暖回水管	浅黄色 RGB 255/255/128
12	采暖供水管	采暖供水管	粉红色 RGB 255/128/128
13	空调自流冷凝水管	空调自流冷凝水管	深棕色 RGB 128/000/000
14	冷冻水管	冷冻水管	蓝色 RGB 000/000/255

附表 5　建筑专业 BIM 模型 LOD 标准

详细等级（LOD）	100	200	300	400	500
场地	不表示	简单的场地布置。部分构件用体量表示	按图样精确建模。景观、人物、植物、道路贴近真实	概算信息	赋予各构件的参数信息
墙	包含墙体物理属性（长度、厚度、高度及表面颜色）	增加材质信息，含粗略面层划分	包含详细面层信息，材质附节点图	概算信息，墙材质供应商信息，材质价格	产品运营信息（厂商、价格、维护等）
散水	不表示	表示			
幕墙	嵌板＋分隔	带简单竖梃	具体的竖梃截面，有连接构件	幕墙与结构连接方式，厂商信息	幕墙与结构连接方式，厂商信息
建筑柱	物理属性：尺寸、高度	带装饰面、材质	带参数信息	概算信息，柱材质供应商信息，材质价格	物业管理详细信息
门、窗	同类型的基本族	按实际需求插入门窗	门窗大样图，门窗详图	门窗及门窗五金件的厂商信息	门窗五金件，门窗的厂商信息，物业管理信息
屋顶	悬挑、厚度、坡度	加材质、檐口、封檐带、排水沟	节点详图	概算信息，屋顶材质供应商信息，材质价格	全部参数信息

（续）

详细等级（LOD）	100	200	300	400	500
楼板	物理特征（坡度、厚度、材质）	楼板分层、降板、洞口、楼板边缘	楼板分层更细，洞口更全	概算信息，楼板材质供应商信息，材质价格	全部参数信息
顶棚	用一块整板代替，只体现边界	厚度，局部降板，准确分割，并有材质信息	龙骨、预留洞口、风口等，带节点详图	概算信息，顶棚材质供应商信息，材质价格	全部参数信息
楼梯（含坡道、台阶）	几何形体	详细建模，有栏杆	电梯详图	参数信息	运营信息，物业管理全部参数信息
电梯（直梯）	电梯门，带简单2D符号表示	详细的2D符号表示	节点详图	电梯厂商信息	运营信息，物业管理全部参数信息
家具	无	简单布置	详细布置 + 2D表示	家具厂商信息	运营信息，物业管理全部参数信息

附表6　结构专业 BIM 模型 LOD 标准

详细等级（LOD）	100	200	300	400	500
板	物理属性，板厚、板长、板宽、表面材质颜色	类型属性，材质，2D填充表示	材料信息，分层做法，楼板详图，附带节点详图（钢筋布置图）	概算信息，楼板材质供应商信息，材质价格	运营信息，物业管理所有详细信息
梁	物理属性，梁长宽高，表面材质颜色	类型属性，异形梁详细轮廓，材质，2D填充表示	材料信息，梁标识，附带节点详图（钢筋布置图）	概算信息，梁材质供应商信息，材质价格	运营信息，物业管理所有详细信息
柱	物理属性，柱长宽高，表面材质颜色	类型属性，异形柱详细轮廓，材质，2D填充表示	材料信息，柱标识，附带节点详图（钢筋布置图）	概算信息，柱材质供应商信息，材质价格	运营信息，物业管理所有详细信息
梁柱节点	不表示，自然搭接	表示锚固长度，材质	钢筋型号，连接方式，节点详图	概算信息，材质供应商信息，材质价格	运营信息，物业管理所有详细信息

（续）

详细等级（LOD）	100	200	300	400	500
墙	物理属性，墙厚、墙宽、表面材质颜色	类型属性，材质，2D 填充表示	材料信息，分层做法，墙身大样详图，空口加固等节点详图（钢筋布置图）	概算信息，墙材质供应商信息，材质价格	运营信息，物业管理所有详细信息
预埋及吊环	不表示	物理属性，长宽高物理轮廓。表面材质颜色　类型属性，材质，2D 填充表示	材料信息，大样详图，节点详图（钢筋布置图）	概算信息，基础材质供应商信息，材质价格	运营信息，物业管理所有详细信息

附表 7　地基基础 BIM 模型 LOD 标准

详细等级（LOD）	100	200	300	400	500
基础	不表示	物理属性，基础长宽高物理轮廓。表面材质颜色，类型属性，材质，2D 填充表示	材料信息，基础大样详图，节点详图（钢筋布置图）	概算信息，基础材质供应商信息，材质价格	运营信息，物业管理所有详细信息
基坑工程	不表示	物理属性，基坑长宽高物理轮廓。表面材质颜色	基坑围护，节点详图（钢筋布置图）	概算信息，基坑围护材质供应商信息，材质价格	运营信息，物业管理所有详细信息
柱	物理属性，柱长宽高，表面材质颜色	类型属性，根据钢材型号表示详细轮廓，材质，2D 填充表示	材料信息，钢柱标识，附带节点详图	概算信息，柱材质供应商信息，材质价格	运营信息，物业管理所有详细信息
桁架	物理属性，桁架长宽高，无杆件表示，用体量代替，表面材质颜色	类型属性，根据桁架类型搭建杆件位置，材质，2D 填充表示	材料信息，桁架标识，桁架杆件连接构造。附带节点详图	概算信息，桁架材质供应商信息，材质价格	运营信息，物业管理所有详细信息
梁	物理属性，梁长宽高，表面材质颜色	类型属性，根据钢材型号表示详细轮廓，材质，2D 填充表示	材料信息，钢梁标识，附带节点详图	概算信息，钢梁材质供应商信息，材质价格	运营信息，物业管理所有详细信息
柱脚	不表示	柱脚长宽高用体量表示，2D 填充表示	柱脚详细轮廓信息，材料信息，柱脚标识，附带节点详图	概算信息，柱脚材质供应商信息，材质价格	运营信息，物业管理所有详细信息

附表8 给水排水专业 BIM 模型 LOD 标准

详细等级（LOD）	100	200	300	400	500
管道	只有管道类型、管径、主管标高	有支管标高	加保温层、管道进设备机房1m	按实际管道类型及材质参数绘制管道（出产厂家、型号、规格等）	运营信息，物业管理所有详细信息
阀门	不表示	绘制统一的阀门	按阀门的分类绘制	按实际阀门的参数绘制（出产厂家、型号、规格等）	运营信息，物业管理所有详细信息
附件	不表示	统一形状	按类别绘制	按实际项目中要求的参数绘制（出产厂家、型号、规格等）	运营信息，物业管理所有详细信息
仪表	不表示	统一规格的仪表	按类别绘制	按实际项目中要求的参数绘制（出产厂家、型号、规格等）	运营信息，物业管理所有详细信息
卫生器具	不表示	简单的体量	具体的类别形状及尺寸	将产品的参数添加到元素当中（出产厂家、型号、规格等）	运营信息，物业管理所有详细信息
设备	不表示	有长宽高的体量	具体的形状及尺寸	将产品的参数添加到元素当中（出产厂家、型号、规格等）	运营信息，物业管理所有详细信息

附表9 暖通专业 BIM 模型 LOD 标准

详细等级（LOD）	100	200	300	400	500
暖通水管道	不表示	按照系统只绘主管线，标高可自行定义，按照系统添加不同的颜色	按照系统绘制支管线，管线有准确的标高、管径尺寸。添加保温，坡度	添加技术参数、说明及厂家信息、材质	运营信息与物业管理
管件	不表示	绘制主管线上的管件	绘制支管线上的管件	添加技术参数、说明及厂家信息、材质	运营信息与物业管理

（续）

详细等级（LOD）	100	200	300	400	500
附件	不表示	绘制主管线上的附件	绘制支管线上的附件，添加连接件	添加技术参数、说明及厂家信息、材质	运营信息与物业管理
阀门	不表示	不表示	有具体的外形尺寸，添加连接件	添加技术参数、说明及厂家信息、材质	运营信息与物业管理
设备	不表示	不表示	具体几何参数信息，添加连接件	添加技术参数、说明及厂家信息、材质	运营信息与物业管理
仪表	不表示	不表示	有具体的外形尺寸，添加连接件	添加技术参数、说明及厂家信息	运营信息与物业管理

附表 10　电气专业 BIM 模型 LOD 标准

详细等级（LOD）	100	200	300	400	500
设备构件	不建模	基本族	基本族、名称、符合标准的 2D 符号，相应的标高	准确尺寸的族、名称、符合标准的 2D 符号、所属的系统	准确尺寸的族、名称、符合标准的 2D 符号、所属的系统、生产厂家、产品样本的参数信息
桥架	不建模	基本路由	基本路由、尺寸标高	具体路由、尺寸标高、支吊架安装、所属系统	具体路由、尺寸标高、支吊架安装、所属系统、生产厂家、产品样本的参数信息
电线电缆	不建模	基本路由、导线根数	基本路由、导线根数、所属系统	基本路由、导线根数、所属系统、导线材质类型	基本路由、导线根数、所属系统、导线材质类型、生产厂家

附表 11　BIM 建模详细等级建议表

	方案阶段 LOD	初设阶段 LOD	施工图阶段 LOD	施工阶段 LOD	运营阶段 LOD
建筑专业					
场地	100	200	300	300	300
墙	100	200	300	300	300
散水	100	200	300	300	300
幕墙	100	200	300	300	300
建筑柱	100	200	300	300	300
门窗	100	200	300	300	300
屋顶	100	200	300	300	300
楼板	100	200	300	300	300
顶棚	100	200	300	300	300
楼梯（含坡道、台阶）	100	200	300	300	300
电梯（直梯）	100	200	300	300	300
家具	100	200	300	300	300
结构专业					
板	100	200	300	300	300
梁	100	200	300	300	300
柱	100	200	300	300	300
梁柱节点	100	200	300	300	300
墙	100	200	300	300	300
预埋及吊环	100	200	300	300	300
地基基础					
基础	100	200	300	300	300
基坑工程	100	200	300	300	300
柱	100	200	300	300	300
桁架	100	200	300	300	300
梁	100	200	300	300	300
柱脚	100	200	300	300	300
给水排水专业					
管道	100	200	300	300	300
阀门	100	200	300	300	300
附件	100	200	300	300	300
仪表	100	200	300	300	300
卫生器具	100	200	300	400	400
设备	100	200	300	400	400
暖通专业					
风管道	100	200	300	300	300

（续）

	方案阶段 LOD	初设阶段 LOD	施工图阶段 LOD	施工阶段 LOD	运营阶段 LOD
暖通专业					
管件	100	200	300	300	300
附件	100	200	300	300	300
末端	100	200	300	300	300
阀门	100	100	300	300	300
机械设备	100	100	300	400	500
水管道	100	200	300	300	300
管件	100	200	300	300	300
附件	100	200	300	300	300
阀门	100	100	300	300	300
设备	100	100	300	400	500
仪表	100	100	300	400	500
机电专业（强电）					
供配电系统 配电箱	100	200	400	400	400
供配电系统 电度表	100	200	400	400	400
供配电系统 变、配电站内设备	100	200	400	400	400
电力、照明系统 照明	100	100	400	400	400
电力、照明系统 开关插座	100	100	300	300	300
线路敷设及防雷接地 避雷设备	100	100	300	400	400
线路敷设及防雷接地 桥架	100	100	300	400	400
线路敷设及防雷接地 接线	100	100	300	400	400
机电专业（弱电）					
火灾报警及联动控制系统 探测器	100	100	300	400	400
火灾报警及联动控制系统 按钮	100	100	300	400	400
火灾报警及联动控制系统 火灾报警电话	100	100	300	400	400
火灾报警及联动控制系统 火灾报警	100	100	300	400	400
线路线槽 桥架	100	100	300	400	400
线路线槽 接线	100	100	300	400	400
通信网络系统 插座	100	100	400	400	400
弱电机房 机房内设备	100	200	400	500	500
其他系统设备 广播设备	100	100	300	400	500
其他系统设备 监控设备	100	100	300	400	500
其他系统设备 安防设备	100	100	300	400	500

附表 12　设备专业 BIM 审图内容和要求

图样种类	专业划分	程序	审图内容	深度要求
与土建配合图样	给水排水专业	审图 管线协调 管线/基础定位 留洞及基础图	各层给水排水楼板留洞图	洞口尺寸，洞口位置
			卫生间墙板留洞图	
			生活、消防水泵房水泵基础图	基础尺寸，基础位置，基础标高
			水箱基础图	
			各种机房设备基础图	
	暖通专业	审图 管线协调 管线/基础定位 留洞及基础图	各层空调水、空调风留洞图	洞口尺寸，洞口位置
			冷冻机房设备基础图	基础尺寸，基础位置，基础标高
			热力设备基础图	
			各类空调机房基础图	
	强电专业	审图 桥架/线槽协调 桥架/线槽定位 留洞及基础图	各层桥架、线槽穿墙及楼板留洞图	洞口尺寸，洞口位置
			电气竖井小间楼板留洞图	
			变电所母线桥架高低压柜基础留洞图	
			变配电所土建条件图	
			高低压进户线穿套管留洞图	
			防雷接地引出接点图	
	弱电专业	审图 桥架/线槽/管线协调 桥架/线槽/管线定位 留洞及基础图	各层桥架、线槽穿墙及楼板留洞图	洞口尺寸，洞口位置
			竖井小间楼板留洞图	
			弱电管线进户预留预埋图	
			弱电各机房线槽穿墙及楼板留洞图	
			弱电机房接地端子预留图	尺寸，位置
			卫星接收天线基座图	基础尺寸，位置
综合协调图	各专业	各专业管线综合协调 综合管线图叠加 综合协调图	机电管线综合协调平面图	管道及线槽尺寸及定位，标高及相关专业的平面协调关系
			机电管线综合协调剖面图	管道及线槽尺寸及定位，标高及相关专业的空间位置
深化设计图样	给水排水专业	专业指导 管线/设备定位 专业深化设计	各层给水平面图，系统图	管道尺寸及平面定位、标高
			各层雨水、污水平面图，系统图	
			各层消防水平面图，系统图	
		卫生洁具选型 管线/器具定位 大样图	卫生间大样图	设备及管道尺寸及平面定位、标高
		设备选型 设备定位 专业深化设计	生活、消防水泵房大样图	设备及管道尺寸及平面定位、标高
			水箱间大样图	
			各类机房大样图	

（续）

图样种类	专业划分	程序	审图内容	深度要求
深化设计图样	暖通专业	专业指导 管线/设备定位 专业深化设计	空调水平面图	水管尺寸定位及标高、位置、坡度等
			空调风平面图	风管尺寸定位及标高、风口的位置及尺寸等
		设备选型 设备定位 专业深化设计	冷冻机房大样图	水管管径、定位及标高、坡度等
			空调机房大样图	新风机组的位置及附件、管线连接
			屋顶风机平面图	正压送风机、卫生间排风机定位
			楼梯间及前室加压送风系统图	加压送风口尺寸及所在的楼梯间编号
			排烟机房大样图	风机具体位置、编号及安装形式等
			卫生间排风大样图	排气扇位置及安装形式
			冷却塔大样图	设备、管线平面尺寸定位、标高等
	电气专业	专业指导 管线/线槽/桥架定位 专业深化设计 专业指导 管线/线槽/桥架定位 专业深化设计	室内照明平面图	灯具及开关平面布置、管线选取、管线的敷设
			插座供电平面图	插座布置、管线选取及敷设
			动力干线平面图 动力桥架平面图	配电箱、桥架、母线、线槽的协调定位、选取；平面图的绘制
			动力配电箱系统图 照明配电箱系统图	动力、照明配电箱系统图的绘制、二次原理图的控制要求的注明
			室内动力电缆沟剖面图	尺寸、位置、标高
			防雷平面图	尺寸、位置
			设备间接地平面图	接地线、端子箱的位置、高度；平面图的绘制
			弱电接地平面图	接地线、端子箱的位置、高度；平面图的绘制
			变配电室照明平面图	灯具及开关的平面布置、管线选取、管线的敷设
			变配电室动力平面图 动力干线平面图 动力桥架平面图	配电箱、桥架、母线、线槽的协调定位、选取；平面图的绘制
			变配电室平面布置图	高、低压柜；模拟屏；直流屏；变压器等的布置
			高压供电系统图	系统图
			低压供电系统图	系统图
			变配电室接地干线图	同前述
			应急发电机房照明平面图	同前述
			动力部分	要求同室内工程的动力系统部分
			发电机房接地系统图	原理、配置、系统情况

（续）

图样种类	专业划分	程序	审图内容	深度要求
深化设计图样	弱电专业	专业指导 管线/线槽/桥架 定位 专业深化设计	火灾报警系统平面图	桥架、管线的规格尺寸、标高、位置
			安全防范系统平面图	
			综合布线系统平面图	
			楼宇自控系统平面图	
			卫星及有线电视平面图	
			公共广播系统平面图	

附表 13　施工阶段 BIM 需求梳理

序号	应用阶段	应用类别	应用项	应用点	模拟内容
1	施工准备	三通一平	场地平整	场地平整	场地地形实际标高，平整后的地形状况
2			临时用水计算布置	临时用水计算	运用软件自动计算临时用水量，并在场区进行布置，包括水池、水泵、管路、消防设施等
3			临时用电计算布置	临时用电计算	运用软件自动计算临时用电量，并在场区进行布置，包括一级、二级、三级配电箱、电缆布置
4		技术方案审查	总平面布局	总平面布置	提供场地施工组织 3D 模型图，对现场的机械布置、加工区、物料堆放、车辆进出、生活区、办公区临时设施搭建、临水、临电、排污等市政设施等进行可视化展现
5				塔式起重机运行分析	真实地模拟塔式起重机在整个工程周期的运行状态，根据塔式起重机参数，确定每次吊装的工作量，从而优化工料的供应方案
6			施工组织设计	即施工模拟（后续详细介绍）	模拟整个工程施工过程
7		招标投标	网络招标投标		在造价管理中描述
8	施工模拟（施组审查）	土方	土方开挖及填筑模拟	1. 调配、存放模拟 2. 工程量及造价	1. 模拟土方开挖的过程，并且根据工程量模拟运输及存放位置和存放量 2. 与成本信息相关联
9			土方机械运输	1. 挖掘机、运输机作业模拟 2. 机械台班需求量	机械运行模拟
10		基坑	支撑维护方案模拟	1. 土方边坡、土钉墙施工模拟 2. 锚杆、护坡桩模拟 3. 人工、机械需求量	模拟相关方案，并能模拟施工工艺、工序

（续）

序号	应用阶段	应用类别	应用项	应用点	模拟内容
11	施工模拟（施组审查）	基坑	降水、排水方案模拟	1. 方案对比、选择 2. 进度模拟 3. 工程量	1. 对方案进行模拟，并对不同方案进行分析比对 2. 对方案进度进行模拟 3. 对不同方案的实施造价进行模拟
12			桩基	1. 桩基施工模拟 2. 机械、人工需求量	
13			基坑监测	1. 基坑内监测 2. 基坑周边建筑物、管线监测	根据每次监测结果动态模拟基坑及周边建筑物、管线的变形
14		结构	模板工程	1. 模板安装 2. 模板拆除	模拟模板安装、拆除的工艺工序
15			钢筋工程	钢筋翻样	根据工程量进行钢筋翻样，最后形成的工程量清单要包含相关规定的损耗量等
16				钢筋断料优化	根据钢筋工程量进行钢筋的断料优化，形成下料单及分析报表
17				钢筋安装	利用设计阶段形成的 BIM 模型，对每个构件进行施工流水段、时间的定义，实现施工的动态模拟
18			混凝土工程	混凝土施工	利用设计阶段形成的 BIM 模型，对每个构件进行施工流水段、时间的定义，实现施工的动态模拟
19			砌体结构	1. 填充墙砌筑 2. 承重墙砌筑	利用设计阶段形成的 BIM 模型，对每个构件进行施工流水段、时间的定义，实现施工的动态模拟
20			幕墙	1. 玻璃幕墙 2. 石材幕墙	利用设计阶段形成的 BIM 模型，对每个构件进行施工流水段、时间的定义，实现施工的动态模拟
21			照明系统安装	—	利用设计阶段形成的 BIM 模型，对每个构件进行施工流水段、时间的定义，实现施工的动态模拟
22			火灾报警系统安装	—	利用设计阶段形成的 BIM 模型，对每个构件进行施工流水段、时间的定义，实现施工的动态模拟
23			智能建筑安装	—	利用设计阶段形成的 BIM 模型，对每个构件进行施工流水段、时间的定义，实现施工的动态模拟
24	施工管理	质量管理	技术交底	1. 隐蔽工程 2. 关键、复杂节点 3. 防水工程 4. 预留、预埋 5. 其他重点、难点项目	1. 隐蔽工程可见化 2. 关键、复杂节点以 3D 模型进行技术交底 3. 防水工程的施工工艺模拟，关键节点的处理模拟 4. 对预留、预埋构件的位置进行模拟，并可提供准确的工程量
25			质量检查比对	—	1. 现场监测图片、信息等与模型相关联，从而把控工程实际工程质量及工程进度 2. 根据相关进度对模型进行 3D 打印，并对打印结果进行存档管理
26			合约规划	—	形成合约规划模板，里面能进行选项选择
27			目标成本	—	按照合约规划对每一项进行成本估算
28			计量模型	—	按照设计图样形成 3D 算量模型
29			网络招标投标	1. 招标文件 2. 资格审查 3. 答疑 4. 投标 5. 评标	每个环节均通过网络进行

（续）

序号	应用阶段	应用类别	应用项	应用点	模拟内容
30	施工管理	造价管理	合同管理	1. 合同价 2. 变更洽商 3. 进度款支付 4. 合同结算	—
31		进度管理	进度计划	—	网络版的进度计划，所有参与人均可视
32			进度动态模型	—	—
33			进度比对检查	—	进度计划与施工实际完成的3D模型比对
34			进度纠偏	—	—

参 考 文 献

[1] 刘占省, 赵雪锋. BIM 技术与施工项目管理 [M]. 北京：中国电力出版社, 2015.

[2] 王辉. 建设工程项目管理 [M]. 北京：北京大学出版社, 2014.

[3] 中华人民共和国建设部. 建设工程项目管理规范：GB/T 50326—2001 [S]. 北京：中国建筑工业出版社, 2002.

[4] 张建平, 等. BIM 在工程施工中的应用 [J]. 施工技术, 2012 (16)：10-17.

[5] 张建平. 基于 BIM 和 4D 技术的建筑施工优化及动态管理 [J]. 中国建设信息, 2010 (2)：18-23.

[6] 刘占省, 赵明, 徐瑞龙. BIM 技术在我国的研发及工程应用 [J]. 建筑技术, 2013 (10)：893-897.

[7] 刘占省, 等. BIM 技术在我国的研发及应用 [N]. 建筑时报, 2013-11-11 (4).

[8] 刘占省, 等. BIM 技术全寿命周期一体化应用研究 [J]. 施工技术, 2013 (18)：91-95.

[9] 刘占省, 赵明, 徐瑞龙. BIM 技术在建筑设计、项目施工及管理中的应用 [J]. 建筑技术开发, 2013 (3)：65-71.

[10] 何关培. BIM 总论 [M]. 北京：中国建筑工业出版社, 2011.

[11] 何关培, 李刚. 那个叫 BIM 的东西究竟是什么 [M]. 北京：中国建筑工业出版社, 2011.

[12] 丁士昭. 建设工程信息化导论 [M]. 北京：中国建筑工业出版社. 2005.

[13] 王要武. 工程项目信息化管理——Autodesk Buzzsaw [M]. 北京：中国建筑工业出版社, 2005.

[14] 张建平. 信息化土木工程设计——Autodesk Civil 3D [M]. 北京：中国建筑工业出版社, 2005.

[15] 张建平, 等. 基于 IFC 标准和建筑设备集成的智能物业管理系统 [J]. 清华大学学报 (自然科学版). 2004 (10)：940-942, 946.

[16] 肖伟, 胡晓非, 胡端. 建筑行业的挑战与 BLM/BIM 的革新及运用 [J]. 中国勘察设计, 2008 (1)：68-70.

[17] 倪江波, 赵昕. 中国建筑施工行业信息化发展报告 (2015) BIM 深度应用与发展 [M]. 北京：中国城市出版社, 2015.

[18] 付勇攀, 等. BIM 在叶盛黄河大桥施工安全管理中的应用 [J]. 建筑技术, 2017, 48 (11)：1142-1144.

[19] 刘占省, 等. 基于 BIM 技术的预制装配式风电塔架数值模拟 [J]. 建筑技术, 2017, 48 (11)：1131-1134.

[20] 刘占省, 等. 装配式风电塔架钢混连接段力学及可靠性研究 [J]. 建筑技术, 2017, 48 (11)：1135-1138.

[21] 张晓东, 仲青, 吴明庆. 基于工程量清单计价模式下的已竣工工程数据库建设 [J]. 建筑技术, 2017, 48 (11)：1227-1230.

[22] 余军, 刘占省, 孙佳佳. 基于 BIM 的首都机场急救中心专项管理平台研发与应用 [J]. 建筑技术, 2017, 48 (9)：976-979.

[23] 张红艳. 基于 BIM 的施工质量管理研究 [J]. 能源技术与管理, 2017, 42 (6)：196-199.

[24] 许多. BIM 技术下预制装配式混凝土的结构设计分析 [J/OL]. 工程技术研究, 2017 (12)：219-220 [2017-12-27]. https：//doi. org/10. 19537/j. cnki. 2096-2789. 2017. 12. 128.

[25] 高明星. BIM 的建筑结构施工图设计研究 [J]. 绿色环保建材, 2017 (12)：79.

[26] 王银虎. 关于建筑结构设计中 BIM 技术的应用探究 [J]. 绿色环保建材, 2017 (12)：57.

[27] 张敏, 李晓丹, 李忠富. 国际主要 BIM 开源软件的发展现状综合分析 [J/OL]. 工程管理学报,

2017（6）：1-5［2017-12-27］．https：//doi. org/10. 13991/j. cnki. jem. 2017. 06. 004.

［28］ 张柯杰，苏振民，金少军．基于 BIM 与 AR 的施工质量活性系统管理模型构建研究［J/OL］．工程管理学报，2017（6）：1-5［2017-12-27］．https：//doi. org/10. 13991/j. cnki. jem. 2017. 06. 022.

［29］ 王优玲．我国全面推进装配式建筑发展［N］．中国质量报，2017-12-19（5）．

［30］ 董莉莉，谢月彬，王君峰．用于运维的桥梁 BIM 模型交付方案——以港珠澳跨海大桥项目为例［J/OL］．土木工程与管理学报，2017（6）：45-50，56［2017-12-27］．https：//doi. org/10. 13579/j. cnki. 2095-0985. 2017. 06. 008.

［31］ 钟炜，李粒萍．BIM 工程项目管理绩效评价指标体系研究［J］．价值工程，2018，37（2）：40-43.

［32］ 杨理．基于 BIM 技术的高层建筑施工管理分析［J］．建材与装饰，2017（50）：160-161.

［33］ 杨红岩，等．信息化在天津周大福金融中心项目施工管理中的应用［J］．施工技术，2017，46（23）：4-6，13.

［34］ 苏亚武，等．基于 BIM 的 4D 计划管理在超高层项目中的应用［J］．施工技术，2017，46（23）：7-9.

［35］ 吴翠兰．工程项目全面造价管理研究［J］．价值工程，2017，36（34）：20-22.

［36］ 马恭权．建筑施工管理中 BIM 技术的应用［J］．江西建材，2017（22）：259-260.

［37］ 李战锋．基于 BIM 建筑工程项目进度—成本协同管理系统框架构建［J］．绿色环保建材，2017（11）：189.

［38］ 陈斌．建筑施工管理的影响因素与对策分析［J］．工程技术研究，2017（11）：152，158.

［39］ 黄琛．基于 BIM 的建筑电气安装工程物料管理探讨［J］．工程经济，2017，27（11）：17-21.

［40］ 孙建诚，李永鑫，王新单．BIM 技术在公路设计中的应用［J］．重庆交通大学学报（自然科学版），2017，36（11）：23-27.

［41］ 王凤起．BIM 技术应用发展研究报告［J］．建筑技术，2017，48（11）：1124-1126.

［42］ 张晓东，仲青，吴明庆．基于工程量清单计价模式下的已竣工工程数据库建设［J］．建筑技术，2017，48（11）：1227-1230.

［43］ 杜艳超．三维协同设计与管理工作流程研究［D］．长春：吉林建筑大学，2017.

［44］ 张泳，付君，王全凤．建筑信息模型的建设项目管理［J］．华侨大学学报（自然科学版），2008（3）：424-426.

［45］ 孔嵩．建筑信息模型 BIM 研究［J］．建筑电气，2013（4）：27-31.

［46］ 冯剑．业主基于 BIM 技术的项目管理成熟度模型研究［D］．昆明：昆明理工大学，2014.

［47］ 寿文池．BIM 环境下的工程项目管理协同机制研究［D］．重庆：重庆大学，2014.

［48］ 赵灵敏．基于 BIM 的建设工程全寿命周期项目管理研究［D］．济南：山东建筑大学，2014.

［49］ 孙悦．基于 BIM 的建设项目全生命周期信息管理研究［D］．哈尔滨：哈尔滨工业大学，2011.

［50］ 彭正斌．基于 BIM 理念的建设项目全生命周期应用研究［D］．青岛：青岛理工大学，2013.

［51］ 戚安邦．工程项目全面造价管理［M］．天津：南开大学出版社，2000.

［52］ 丁荣贵．项目管理：项目思维与管理关键［M］．北京：机械工业出版社，2004.

［53］ 李明友．中国建设项目全寿命成本管理现状分析与实践研究［J］．建筑经济，2007，（3）：33-35.

［54］ 陈光，成虎．建设项目全寿命期目标体系研究［J］．土木工程学报，2004，37（10）：87-91.

［55］ 张亚莉，杨乃定，杨朝君．项目的全寿命周期风险管理的研究［J］．科学管理研究，2004，22（2）：27-30.

［56］ 黄继英，海燕．试论全寿命周期设计技术［J］．矿山机械，2006，34（4）：131-132.

［57］ 甄兰平，邰惠鑫．面向全寿命周期的节能建筑设计方法研究［J］．建筑学报，2003（3）：56-57.

［58］ 刘占省．由 500m 口径射电望远镜（FAST）项目看建筑企业 BIM 应用［J］．建筑技术开发，2015（4）：16-19.

[59] 刘占省.PW 推动项目全生命周期管理［J］.中国建设信息化，2015（Z1）：66-69.

[60] 庞红，向往.BIM 在中国建筑设计的发展现状［J］.建筑与文化，2015（1）：158-159.

[61] 柳建华.BIM 在国内应用的现状和未来发展趋势［J］.安徽建筑，2014（6）：15-16.

[62] 刘占省，等.推广 BIM 技术应解决的问题及建议［N］.建筑时报，2013-11-28（4）.

[63] 张春霞.BIM 技术在我国建筑行业的应用现状及发展障碍研究［J］.建筑经济，2011（9）：96-98.

[64] 贺灵童.BIM 在全球的应用现状［J］.工程质量，2013，31（3）：12-19.

[65] 何清华，等.BIM 在国内外应用的现状及障碍研究［J］.工程管理学报，2012，26（1）：12-16.

[66] 赵源煜.中国建筑业 BIM 发展的阻碍因素及对策方案研究［D］.北京：清华大学，2012.

[67] 杨德磊.国外 BIM 应用现状综述［J］.土木建筑工程信息技术，2013，5（6）：89-94，100.

[68] 陈花军.BIM 在我国建筑行业的应用现状及发展对策研究［J］.黑龙江科技信息，2013（23）：278-279.

[69] Wang Shengwei, Xie Junlong. Integrating Building Management System and facilities management on the Internet［J］. Automation in Construction，2002.11（6）：707-715.

[70] 张建平，等.基于 IFC 的 BIM 三维几何建模及模型转换［J］.土木建筑工程信息技术，2009，1（1）：40-46.

[71] 邱奎宁，王磊.IFC 标准的实现方法［J］.建筑科学，2004（3）：76-78.

[72] 杨宝明.建筑信息模型 BIM 与企业资源计划系统 ERP［J］.施工技术，2008（6）：31-33.

[73] 王荣香，张帆.谈施工中的 BIM 技术应用［J］.山西建筑，2015（3）：93-93，94.

[74] 李犁，邓雪原.基于 BIM 技术建筑信息标准的研究与应用［J］.四川建筑科学研究，2013，39（4）：395-398.

[75] 吴双月.基于 BIM 的建筑部品信息分类及编码体系研究［D］.北京：北京交通大学，2015.

[76] 刘占省，赵明，徐瑞龙.BIM 技术建筑设计、项目施工及管理中的应用［J］.建筑技术开发，2013，40（3）：65-71.

[77] 甘明，等.BIM 技术在 500m 口径射电望远镜（FAST）项目中的应用［J］.铁路技术创新，2015（3）：94-98.

[78] 邵韦平.数字化背景下建筑设计发展的新机遇——关于参数化设计和 BIM 技术的思考与实践［J］.建筑设计管理，2011，3（28）：25-28.

[79] 张桦.建筑设计行业前沿技术之一：基于 BIM 技术的设计与施工［J］.建筑设计管理，2014（1）：14-21，28.

[80] 张建新.建筑信息模型在我国工程设计行业中应用障碍研究［J］.工程管理学报，2010（4）：387-392.

[81] 欧阳东，李克强，赵瑷琳.BIM 技术——第二次建筑设计革命［J］.建筑技艺，2014（2）：26-29.

[82] 秦军.建筑设计阶段的 BIM 应用［J］.建筑技艺，2011（Z1）：160-163.

[83] 梁波.基于 BIM 技术的建筑能耗分析在设计初期的应用研究［D］.重庆：重庆大学，2014.

[84] 王慧琛.BIM 技术在绿色公共建筑设计中的应用研究［D］.北京：北京工业大学，2014.

[85] 罗智星，谢栋.基于 BIM 技术的建筑可持续性设计应用研究［J］.建筑与文化，2010（2）：100-103.

[86] 翟建宇.BIM 在建筑方案设计过程中的应用研究［D］.天津：天津大学，2014.

[87] 尹航.基于 BIM 的建筑工程设计管理初步研究［D］.重庆：重庆大学，2013.

[88] 陈强.建筑设计项目应用 BIM 技术的风险研究［J］.土木建筑工程信息技术，2012（1）：22-31.

[89] 程斯茉.基于 BIM 技术的绿色建筑设计应用研究［D］.长沙：湖南大学，2013.

[90] 李甜.BIM 协同设计在某建筑设计项目中的应用研究［D］.成都：西南交通大学，2013.

[91] 梁道.BIM 在中国建筑设计中的应用探讨［D］.太原：太原理工大学，2015.

[92] 杨佳 . 运用 BIM 软件完成绿色建筑设计 [J] . 工程质量, 2013 (2): 55-58.

[93] 林佳瑞, 等 . 基于 BIM 的住宅项目策划系统研究与开发 [J] . 土木建筑工程信息技术, 2013, 5 (1): 22-26.

[94] 王勇, 张建平 . 基于建筑信息模型的建筑结构施工图设计 [J] . 华南理工大学学报 (自然科学版), 2013, 41 (3): 76-82.

[95] 徐迪 . 基于 Revit 的建筑结构辅助建模系统开发 [J] . 土木建筑工程信息技术, 2012, 4 (3): 71-77.

[96] 齐聪, 苏鸿根 . 关于 Revit 平台工程量计算软件的若干问题的探讨 [J] . 计算机工程与设计, 2008 (14): 3760-3762.

[97] 张建平, 等 . 建筑施工现场的 4D 可视化管理 [J] . 施工技术, 2006, 35 (10): 36-38.

[98] 刘占省, 等 . BIM 技术在徐州奥体中心体育场施工项目管理中的应用研究 [J] . 施工技术, 2015 (6): 35-39.

[99] 刘占省, 等 . BIM 技术在多哈大桥施工管理中的应用 [J] . 施工技术, 2015 (12): 76-80.

[100] 卢岚, 等 . 建筑施工现场安全综合评价研究 [J] . 土木工程学报, 2003, 36 (9): 46-50, 82.

[101] 张建平, 马天一 . 建筑施工企业战略管理信息化研究 [J] . 土木工程学报, 2004, 37 (12): 81-86.

[102] 张建平, 等 . BIM 在工程施工中的应用 [J] . 施工技术, 2012, 41 (16): 10-17.

[103] 王慧琛, 等 . BIM 技术在地下建筑建造中的应用研究——以地铁车站为例 [J] . 中国科技信息, 2013 (15): 72-73.

[104] 张建平, 等 . 基于 BIM 的工程项目管理系统及其应用 [J] . 土木建筑工程信息技术, 2012 (4): 1-6.

[105] 刘占省, 马锦姝, 陈默 . BIM 技术在北京市政务服务中心工程中的研究与应用 [J] . 城市住宅, 2014 (6): 36-39.

[106] 刘占省, 徐瑞龙 . BIM 在徐州体育场钢结构施工中大显身手 [N] . 建筑时报, 2015-03-05 (4) .

[107] 王红兵, 车春鹏 . 建筑施工企业管理信息系统 [M] . 北京: 电子工业出版社, 2006.

[108] 刘占省, 等 . 基于 BIM 的预制装配式住宅信息管理平台研发与应用 [J] . 建筑结构学报, 2014, 35 (增刊 2): 65-72.

[109] 张建平, 等 . 基于 4D-BIM 的施工资源动态管理与成本实时监控 [J] . 施工技术, 2011, 40 (4): 37-40.

[110] 刘祥禹, 关力罡 . 建筑施工管理创新及绿色施工管理探索 [J] . 黑龙江科技信息, 2012 (5): 158-158.

[111] 李久林, 等 . 国家体育场 (鸟巢) 总承包施工信息化管理 [J] . 建筑技术, 2013, 44 (10): 874-876.

[112] 张建平, 等 . 面向建筑全生命期的集成 BIM 建模技术研究 [J] . 土木建筑工程信息技术, 2012 (1): 6-14.

[113] 过俊, 张颖 . 基于 BIM 的建筑空间与设备运维管理系统研究 [J] . 土木建筑工程信息技术, 2013 (3): 41-49, 62.

[114] 汪再军 . BIM 技术在建筑运维管理中的应用 [J] . 建筑经济, 2013 (9): 94-97.

[115] 张睿奕 . 基于 BIM 的建筑设备运行维护可视化管理研究 [D] . 重庆: 重庆大学, 2014.

[116] 杨子玉 . BIM 技术在设施管理中的应用研究 [D] . 重庆: 重庆大学, 2014.

[117] 鞠明明, 等 . 浅谈 BIM 融合入 IBMS 的建筑运维管理 [J] . 绿色建筑, 2015 (1): 48-50.

[118] 施晨欢, 等 . 基于 BIM 的 FM 运维管理平台研究——申都大厦运维管理平台应用实践 [J] . 土木建筑工程信息技术, 2014 (6): 50-57.

［119］陈兴海，丁烈云．基于物联网和 BIM 的建筑安全运维管理应用研究——以城市生命线工程为例［J］．建筑经济，2014（11）：34-37．

［120］胡振中，彭阳，田佩龙．基于 BIM 的运维管理研究与应用综述［J］．图学学报，2015（5）：802-810．

［121］高镝．BIM 技术在长效住宅设计运维中的应用研究［J］．山西建筑，2014（7）：3-4．

［122］王代兵，佟曾．BIM 在商业地产项目运维管理中的应用研究［J］．住宅科技，2014（3）：58-60．